中国传统服饰文化系列

陕西高校青年创新团队资助项目

U0734424

多元文化视角下的
传统服饰研究

张彬◎著

中国纺织出版社有限公司

内 容 提 要

服饰不仅具有基本的物质属性，而且蕴含着丰富的精神内涵和社会文化意义。本书结合社会学、历史学、民族学、艺术学等多学科领域的相关知识，采用物质文化与图像学等研究方法，从具有代表性的个案研究入手，从多元文化视角下对传统服饰与个案、传统服饰与表演、传统服饰与社会、传统服饰与名物展开深入研究，以一种全新的视角反观传统服饰与古人日常生活的关系。

本书内容全面翔实，选取的个案独特且具有代表性，既能够有效地引导读者对传统服饰形成一定的认识和理解，同时也能够启发读者对传统服饰研究方法和理论建构上的新的思考，以期为传统服饰研究提供一种新的方法与视角。

图书在版编目（CIP）数据

多元文化视角下的传统服饰研究 / 张彬著 . -- 北京：中国纺织出版社有限公司，2024. 9. --（中国传统服饰文化系列）. -- ISBN 978-7-5229-2118-1

Ⅰ. TS941.12

中国国家版本馆 CIP 数据核字第 2024HK5666 号

责任编辑：李春奕　张艺伟　　责任校对：高　涵
责任印制：王艳丽

中国纺织出版社有限公司出版发行
地址：北京市朝阳区百子湾东里A407号楼　邮政编码：100124
销售电话：010—67004422　传真：010—87155801
http://www.c-textilep.com
中国纺织出版社天猫旗舰店
官方微博 http://weibo.com/2119887771
北京华联印刷有限公司印刷　各地新华书店经销
2024年9月第1版第1次印刷
开本：787×1092　1/16　印张：8
字数：200千字　定价：59.80元

序

本书包括四章内容，涉及传统服饰与个案研究、传统服饰与表演研究、传统服饰与社会研究，以及传统服饰与名物研究，可以算作我在北京服装学院攻读博士学位期间的一个成果总结。在这本书即将出版时，我也是思绪万千，不禁回想起从事传统服饰研究和写作此书的缘由和经过。

说来惭愧，本科期间，我从来没有想过今后会从事跟传统服饰研究相关的工作。我本科和研究生期间就读于中国戏曲学院艺术设计专业，主要从事设计创作实践，那时的我对传统服饰只是一知半解。一次偶然的机会，我参加了在学校报告厅举办的一场关于传统服饰的学术讲座，这次讲座使我对传统服饰研究充满了兴趣和好奇心。这次学术讲座的专家也就是我后来的博士生导师——北京服装学院杨道圣教授。

现在回想起当时的求学经历，真的是历历在目。研三那年，我既要完成中国戏曲学院的硕士学位论文和毕业设计，还要每周三天早上五点半起床，从中国戏曲学院赶到北京服装学院，旁听杨老师给研究生开设的服饰研究相关课程，弥补自己和其他同学的差距。通过一段时间的学习，更加坚定了我对传统服饰研究的热爱与决心。功夫不负有心人，次年我顺利考取了北京服装学院博士研究生，研究方向为中国传统服饰文化，正式开启了自己的传统服饰研究之旅。

由于本硕期间均在中国戏曲学院学习，对传统戏曲文化耳濡目染，所以博士论文选题方向最终确定为宋代戏剧服饰研究。读博期间，我大量阅读文献和收集考古资料，顺利发表了十余篇相关研究成果。在这个过程中，除了导师的指导，还离不开北京服装学院陈芳教授的指导，使我对传统服饰有了新的认识，逐渐培养了自己思考问题、解决问题的能力。

我时常在想，当下中国服饰史类书籍中更多的是对贵族礼仪服饰的罗列，关注更多的是传统服饰的形制、色彩、结构等特征。那么服饰作为物质生活资料的一部分，与人们的日常生活密切相关，它不可能仅仅作为一个单独的"物"脱离人而存在。那么我们是否可以在大历史观下，选取具有代表性的服饰个案，把它置于历史学、社会学、经济学、艺术学等多元视野中展开深入研究，以帮助我们在传统服饰研究领域取得新的进展与思考？鉴于此，我撰写了这本《多元文化视角下的传统服饰研究》。

这本书即将出版，但我深知，书中免不了有诸多缺点和错误，恳请专家学者予以指出，以便我今后的传统服饰研究之路更加开阔。

张彬

2023 年 9 月

目　录

第一章

传统服饰与
个案研究

第一节

唐代女子首服"鸟冠"

如果我们观察唐代的视觉图像，会发现一种特殊的女子冠式，冠作不同造型的鸟象，但在中国古代服饰史中却鲜少提及。经过笔者初步考证，此冠在当时应命名为"鸟冠"，这是一种统称。由于目前国内出土文物较少以及部分文物被私人和国外博物馆收藏，且在中国古代服饰史中鲜少提及，所以当下学界对此问题也并未展开讨论。然而，鸟冠是唐代女子首服在中国历代女子首服发展的历史长河中独具特色的一类，其承载着独特的文化内涵。

本节就唐代女子首服鸟冠的形制、造型和佩戴人群等相关问题展开讨论，并对比鸟冠中的凤冠与凤形步摇钗，采用二重证据法，通过文献与文物的比对分析，全面探讨唐代女子首服鸟冠。

一、鸟冠初见

唐代女子首服的种类多样，如钿钗、花树礼冠、笼冠、小冠和高髻式冠等[1]，与中国历代女子首服相比，鸟冠是唐代女子首服中最具特色的冠式之一。如果检索唐代以前的文献史料和出土文物，均不见与女子首服鸟冠相关的记载。有唐一代，关于鸟冠的记载首次出现，是乐舞女伎和侍女喜欢佩戴的首服，这说明它当时在这两类人群中十分流行。

文献记载中对唐代女子首服鸟冠多有提及，如唐杜佑《通典》乐六"坐立部伎"条中记载道："《光圣乐》，玄宗所造也。舞者八十人，鸟冠，五彩画衣。兼以上元、圣寿之容，以歌王业所兴。"[2]《新唐书》卷二十二和宋李昉《太平御览》中均有相似记载，"帝（唐中宗）即位，作《龙池乐》，舞者十有二人，冠芙蓉冠，蹑履，备用雅乐，唯无磬。又作《圣寿乐》，以女子衣五色绣襦而舞之。又作《小破阵乐》，舞者被甲胄。又作《光圣

---

❶ 秦凯. 唐代女性冠类首服研究［D］. 西安：西安美术学院，2018.
❷ 杜佑. 通典［M］. 王文锦，王永兴，等，点校. 北京：中华书局，2016：3707.

乐》，舞者鸟冠、画衣，以歌王迹所兴"❶，"《光圣乐》，玄宗所造也。舞八十人，鸟冠，五彩画衣，兼似上元圣寿之容，以歌王业所兴"❷。《太平御览》卷五六八乐部六记载道："高宗御含元殿东翔鸾阁，大酺……《鸟歌万岁乐》，武太后所造。时宫中养鸟能人言，又常称万岁，为乐以象之。舞三人，绯大袖，并画鸲鹆，冠作鸟象，今岭南有鸟似鸲鹆，养之，久则能言，名吉了。"❸

通过检索唐代墓葬考古报告以及私人收藏和博物馆收藏的文物资料，共收集到六件唐代女子首服鸟冠文物，详见表1-1。其中，两件文物在考古报告中分别被命名为"孔雀冠"和"鹦鹉冠"，其余四件被命名为"鸟冠"。

表1-1　唐代女子首服鸟冠文物

文物名称	出土地区	服饰穿戴文献记载	资料来源
三彩女俑	不详	女俑头戴鸟状冠，五官清秀，眉、眼墨绘。上穿半臂短襦，内衬窄袖衫，下着长裙，足蹬云履。端坐于筌蹄上，手中持一小鸟	北京故宫博物院官网
三彩侍女俑	河南省	头戴鹦鹉冠，身穿白长袖襦衣，下着黄长裙，束腰缓带飘垂膝下，肩胸披搭绿巾，脚穿绿鞋，脚尖外露。脸部丰腴，体态匀实，右手下垂，左手挽袖平举胸前❹	《河南洛阳涧西谷水唐墓清理简报》
骑马伎乐女俑	陕西省	女俑头戴孔雀冠，冠上的孔雀翘首远眺，羽毛由天蓝、浅绿、红、黑诸彩绘成，颈下绒毛为白色，长而宽大的尾羽飘然垂下，覆于女俑的肩背部，孔雀美丽而逼真。身穿圆领窄袖粉白色长袍，袍衫的前胸、后背、双肩及双腿上各饰一朵黑线勾边白中泛红的圆形大莲花。脚穿黑色高靿尖头靴，端坐于马背上❺	《唐金乡县主墓》
三彩女坐俑	不详	女俑头戴鸟冠，右臂抬起，手握如意，如意搭肩头，左手自然垂抚腿上，端坐于圆凳上。内穿紧袖窄襦，外披袒胸双领短袖衣，腰束长裙	波士顿美术馆官网
女舞俑	不详	女俑头梳双环髻，戴鸟冠，面部施红色妆靥，身穿红色大袖襦服，下身前加蔽膝，双肩翘起，双手持道具，足蹬如意头鞋履，显然为一盛装打扮的舞女形象❻	吉美国立东方美术馆官网

❶ 欧阳修，宋祁. 新唐书［M］. 北京：中华书局，2000：314.
❷ 李昉. 太平御览［M］. 北京：中华书局，1960：2567.
❸ 李昉. 太平御览［M］. 北京：中华书局，1960：2567.
❹ 余扶危，张剑. 河南洛阳涧西谷水唐墓清理简报［J］. 考古，1983（5）：443.
❺ 王自力，孙福喜. 唐金乡县主墓［M］. 北京：文物出版社，2002：54.
❻ 林树中. 海外藏中国历代雕塑（中）［M］. 南昌：江西美术出版社，2006：457.

续表

文物名称	出土地区	服饰穿戴文献记载	资料来源
三彩女坐俑	不详	女俑头戴鸟冠，右臂抬起至胸前，左手握长巾，自然垂抚腿上，端坐于圆凳上。内穿紧袖窄襦，外披袒胸半臂，腰束长裙[1]	私人收藏

在多数文献记载中，明确提到了唐代女子所戴的这种首服叫作鸟冠，但表1-1中的六件文物分别被命名为孔雀冠、鹦鹉冠和鸟冠，而且可以明显看出这种冠的造型是孔雀、鹦鹉等鸟类，这种表述引起了笔者的思考：唐代女子首服鸟冠到底是一种笼统的命名还是对具体的"冠作鸟象"的命名[2]？如果是"冠作鸟象"，那么它的造型到底是什么"鸟"？鸟冠的具体形制是什么样？何人佩戴它？这一系列问题均是要着重解决的。由于篇幅有限，与唐代女子首服鸟冠相关的其他问题，笔者在此不过多阐述。

二、鸟冠的形制

1.鸟冠的造型

在现存的唐代文物中，可以发现女子首服的造型多样，一些女子头戴不同造型的鸟冠，楚楚动人，更增添了一抹唐代女性兰心蕙质的色彩，如洛阳博物馆藏三彩侍女俑（图1-1）头上所戴的鹦鹉冠、唐金乡县主墓出土骑马伎乐女俑（图1-2）头上所戴的孔雀冠。故宫博物院藏三彩女俑（图1-3）、波士顿美术馆藏三彩女坐俑（图1-4）以及私人收藏三彩女坐俑（图1-5）的造型大体相似，这三件文物在资料记载中均为头戴鸟冠，内穿紧袖窄襦，外披半臂，腰束长裙，脚穿高头履，手中执物的形象。

从表1-1中可以看出，目前搜集的资料中对北京故宫博物院、波士顿美术馆及私人收藏的三彩女坐俑头上所戴的首服均被笼统地称作鸟冠，笔者认为其准确的命名应该为"凤冠"。在唐代文献和文物中，凤鸟的形象的确与这些冠所做的鸟象相似。与唐代首服凤冠相关的文献记载有多处，如唐杜佑《通典》乐六"坐立部

图1-1 三彩侍女俑
（洛阳博物馆藏）

---

[1] 松涛美术馆.中国美术的精华［M］.东京：读卖新闻社，2001：132.

[2] 李昉.太平御览［M］.北京：中华书局，1960：2567.

图1-2 骑马伎乐女俑（唐金乡县主墓出土）

图1-3 三彩女俑（北京故宫博物院藏）

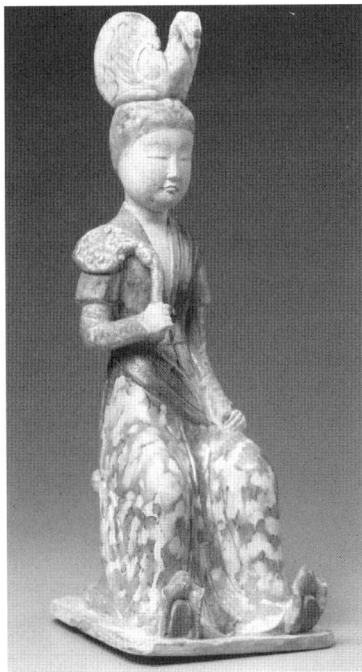

图1-4 三彩女坐俑（波士顿美术馆藏）

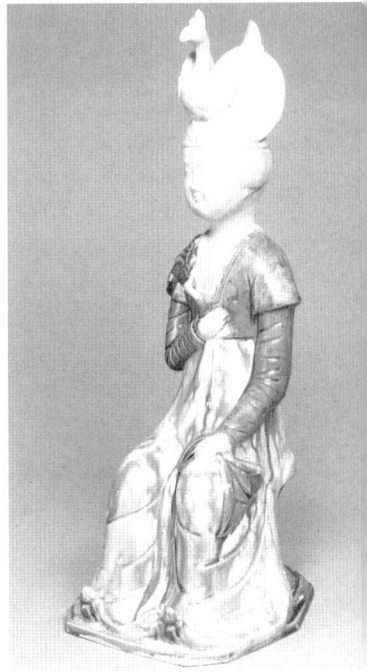

图1-5 三彩女坐俑（私人收藏）

伎"条记载"天授舞"："天授乐,武太后天授年所造也。舞四人,画衣五彩,凤冠。"宋陈旸《乐书》卷一百八十记载"光圣舞"："唐明皇造《光圣乐舞》,舞者八十人,凤冠,五彩画衣。"❶文献中提到的"舞者"即乐舞女伎,她们头戴凤冠,身穿五彩画衣,翩翩起舞。此外,"唐代是凤纹的重要转型期……唐代刺绣凤,凤纹头冠似鸡冠,鹰嘴圆点眼,曲细颈,凤眼有似人眼眶,眼下三色羽毛飞起至头后,颈腹同色、似锦鸡腹,羽翼三层、片片分明,远看尾羽似由羽毛层叠而成,凤爪似鹰爪,一脚腾起,张翅欲飞。"❷凤鸟集合了诸多鸟类的特征,晋张华注《禽经》对凤鸟的特征有详细记载,"凤,鸿前,麟后,蛇首,鱼尾,龙纹,龟身,燕颔,鸡喙,骈翼"❸。在唐代的日常生活用品中,凤鸟的形象也有大量出现,如日本正仓院藏唐代紫地缠枝葡萄纹锦(图1-6)、陕西历史博物馆藏唐代葵花凤鸟纹镜(图1-7)中的凤鸟形象,与三彩女坐俑头上所戴的鸟冠造型十分相似,均呈凤鸟昂首、展翅欲飞之状,气势恢宏。

图1-6 唐代紫地缠枝葡萄纹锦(日本正仓院藏)

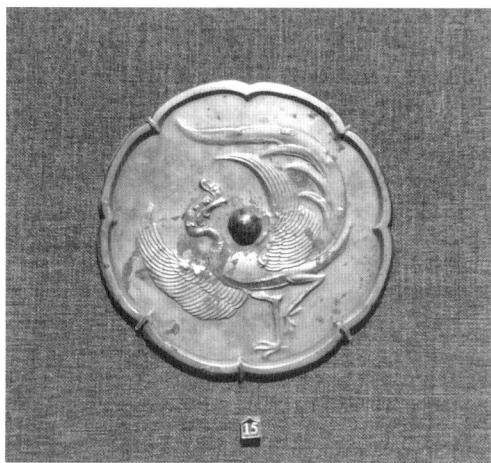

图1-7 唐代葵花凤鸟纹镜(陕西历史博物馆藏)

除此之外,吉美国立东方美术馆还收藏有一女舞俑(图1-8),为一盛装打扮的舞女形象。❹该女舞俑头上所戴鸟冠较其他五件文物体量小,而且鸟的造型偏小,应属于小型鸟类。笔者认为该女舞俑所戴的鸟冠为鸲鹆冠。鸲鹆俗称八哥(图1-9),属雀形目,惊鸟科。晋师旷在《禽经》中记载道："鸲鹆剔舌而语。《山海经》谓之者鸲,今人育其

❶ 陈旸.《乐书》点校(下)[M].张国强,点校.郑州:中州古籍出版社,2019:934.

❷ 胡秋萍.服饰凤纹研究及其在现代礼服设计中的应用[D].无锡:江南大学,2010:12.

❸ 师旷,张华.禽经[M].北京:中华书局,1991:1.

❹ 林树中.海外藏中国历代雕塑(中)[M].南昌:江西美术出版社,2006:457.

雏，以竹刀剔舌本，教之言语。谢尚能做鸲鹆舞。"❶
吉美国立东方美术馆藏女舞俑身穿红色大袖襦服，上
绘鸲鹆图案，冠作鸟象，与宋李昉《太平御览》乐部
六"宴乐"条中记载的武则天所创作的《鸟歌万岁乐》
中舞者的服饰穿戴相一致。此外，唐杜审言《赠崔融
二十韵》曰："兴酣鸲鹆舞，言洽凤凰翔。"❷这说明当
时鸲鹆舞也是唐代诸多乐舞中的一种。因此综合分析，
女舞俑表演的乐舞有可能就是鸲鹆舞，为了与乐舞表
演主题协调一致，她头上所戴的鸟冠应该为鸲鹆冠❸。

　　综上所述，唐代女子首服鸟冠是一种笼统的命名，
造型多样，从目前笔者收集到的文物具体来看，有孔雀
冠、鹦鹉冠、凤冠和鸲鹆冠四种。相信随着考古事业的
进一步深入，或许还会有更多其他造型的鸟冠出现。

2.鸟冠（凤冠）与凤形步摇钗

　　唐代女子首服鸟冠中的凤冠造型，是目前笔者已
收集到的鸟冠文物中数量最多的一类。在目前相关的
考古报告和学术论文中，经常混淆凤冠与凤形步摇钗
的形制，准确地区分二者对于全面认识唐代女子首服
鸟冠的形制十分有必要。如秦凯在《唐代女性冠类首
服研究》一文中认为，唐代韦十七妹石椁的椁门上右
侧雕刻形象为一头戴鸟形冠的仕女❹，而张建林在《李
倕墓出土遗物杂考》一文中则认为其冠是一个复杂的
凤鸟造型，嘴里衔有珠串❺。此外，李星明在《唐代护
法神式镇墓俑试析》一文认为，唐玄宗贞顺皇后石椁
内壁（图1-10）刻的是一位头戴凤冠的贵妇形象❻。笔者认为这些观点值得商榷，虽然唐

图1-8　女舞俑（吉美国立东方美术
馆藏）

图1-9　鸲鹆

---

❶ 师旷，张华.禽经［M］.北京：中华书局，1991：12-13.
❷ 徐定祥.杜审言诗注［M］.上海：上海古籍出版社，1982：35.
❸ 例如，宋代宫廷队舞中的玉兔浑脱乐队在表演时，舞者便是头戴玉兔冠的形象。具体文献可参
　考：脱脱.宋史［M］.北京：中华书局，2000：1672.
❹ 秦凯.唐代女性冠类首服研究［D］.西安：西安美术学院，2018：19.
❺ 张建林.李倕墓出土遗物杂考［J］.考古与文物，2015（6）：66.
❻ 颜娟英，石守谦.艺术史中的汉晋与唐宋之变［M］.台北：石头出版社，2014：281-310.

代韦十七妹石椁上的仕女形象和唐玄宗贞顺皇后石椁内壁雕刻的两位女性头上所戴之物确实是凤鸟造型，但不应该称为凤冠，准确的命名应为凤形步摇钗。五代马缟在《中华古今注》中提到了"凤钗"，钗子"盖古笄之遗象也。至秦穆公以象牙为之。敬王以玳瑁为之。始皇又金银作凤头，以玳瑁为脚，号曰凤钗"❶。唐代凤钗的做工十分考究，扬之水在其文章中说："西安市韩森寨雷氏墓出土的金凤钗首七厘米，细金粟环绕出宝

图1-10　唐玄宗贞顺皇后石椁内壁局部

相花的边框和花里面的枝叶及一个一个嵌宝的小花托，钗头上的凤鸟，用金丝另外编处理，凸起在花心。"❷唐代韦十七妹石椁和唐玄宗贞顺皇后石椁内壁上的图像，均把钗头做成了较大的凤鸟造型。

　　在文献和诗词中有大量关于唐代凤钗的记载，如唐温庭筠《归国谣》曰："翠凤宝钗垂簏簌，钿筐交胜金粟。"❸唐韦庄《思帝乡·云髻坠》曰："云髻坠，凤钗垂。髻坠钗垂无力，枕函欹。"❹唐徐凝《郑女出参丈人词》曰："凤钗翠翘双宛转，出见丈人梳洗晚。"❺唐李建勋《春词》曰："折得玫瑰花一朵，凭君簪向凤凰钗。"❻"贞元七年（791）九月……上真子，听契玄法师讲《观音经》。吾于讲下舍金凤钗两只，上真子舍水犀合子一枚，时君亦讲筵中于师处请钗合视之，赏叹再三，嗟异良久"❼。除了唐代韦十七妹石椁仕女和唐玄宗贞顺皇后石椁内壁贵妇二人头上插戴之外，唐吴道子《八十七神仙卷图》中的两位伎乐天神也是头上插戴凤钗的形象（图1-11）。河南宝丰小店唐墓出土金镶绿松石凤钗（图1-12）的钗脚为凤鸟的双足，制作工艺为金镶绿松石。凤鸟造型生动，双翼展开，作欲飞状。从整体造型来看，插戴方式为正面插戴。这些图像与实物均能让我们更加清晰地理解鸟冠中的凤冠与凤钗的区别。

❶ 马缟. 中华古今注［M］. 北京：中华书局，1985：19.
❷ 扬之水. 钗头凤［J］. 收藏家，2003（8）：27–34.
❸ 李冰若. 花间集评注［M］. 杭州：浙江古籍出版社，2018：25.
❹ 谢永芳. 韦庄诗词全集［M］. 武汉：崇文书局，2018：393.
❺ 赵宦光，黄习远. 万首唐人绝句（下）［M］. 北京：书目文献出版社，1983：479.
❻ 彭定求，等. 全唐诗［M］. 长沙：岳麓书社，1998：695.
❼ 李昉. 太平广记［M］. 北京：中华书局，1961：3910–3911.

图1-11　吴道子《八十七神仙卷图》局部　　　　图1-12　金镶绿松石凤钗（河南宝丰小店唐墓出土）

笔者在描述唐代韦十七妹石椁上的仕女和唐玄宗贞顺皇后石椁内壁的两位贵妇头上插戴的凤钗时添加了"步摇"二字，这是因为凤鸟口中所衔珠串会随着人的走动而摇摆。步摇是古代女性附在簪钗钗头上的一种首饰❶。汉刘熙《释名》"释首饰"篇记载："步摇，上有垂珠，步则摇也。"❷《后汉书》记载："步摇以黄金为题……"王先谦集解时引用陈祥道的话，"汉之步摇黄金为凤，下有邸，前有笄，缀五采玉，以垂下，行则动摇。"❸《太平御览》中的记载则更加详细。由文献记载可知，早在唐代以前，就已有凤形步摇钗的存在。唐代步摇形制与唐代以前的花树样式❹不同，正如高春明所说，"它一般多用金玉制成鸟雀之形，在鸟雀的口中，衔挂下一挂珠串，人一走动，珠串便会摇颤"❺。唐代女子的凤形步摇钗对五代女子首饰的样式产生了很大影响，从敦煌五代第98窟于阗皇后供养像和第108窟宋氏供养像壁画中，均能看到供养人头插凤形步摇钗的形象❻。

综上所述，钗属于首饰一类，冠则属于首服一类；钗是插在头上的，而冠则是戴在头上的。如果我们观察这些文物图像，会发现凤冠的造型比凤形步摇钗的体量大，所以凤冠

---

❶ 文章中笔者探讨的步摇为顶端带垂珠，"步则摇动"的簪钗，并不涉及步摇冠，且步摇与步摇冠的形制也不同。具体文献可参考：扬之水. 步摇花与步摇冠[N]. 文汇报，2019-7-5.

❷ 刘熙. 释名[M]. 北京：中华书局，2016：68.

❸ 范晔，李贤，等. 后汉书[M]. 北京：中华书局，2000：2514.

❹ 孙机. 步摇、步摇冠与摇叶饰片[J]. 文物，1991（11）：55-64.

❺ 高春明. 中国服饰名物考[M]. 上海：上海文化出版社，2001：118.

❻ 段文杰. 中国敦煌壁画全集9：敦煌五代·宋[M]. 天津：天津人民美术出版社，2006：195-213. 段文杰认为敦煌五代第98窟于阗皇后供养像和第108窟宋氏供养像均头戴凤冠，笔者认为其观点值得商榷，因为在五代时期的文献中都未曾记载凤冠，但多处提到了"凤凰钗"。关于五代文献中凤凰钗的记载可参考：韦縠. 才调集补注[M]. 殷元勋，邦绥，注. 南京：江苏书局，1894：264.

应是鸟冠的一种，与凤形步摇钗的形制差别很大，二者不应混为一谈。

三、鸟冠的佩戴人群

李星明在《唐代护法神式镇墓俑试析》一文中提到，"唐玄宗贞顺皇后石椁内壁是一位头戴凤冠的贵妇形象，可见戴鸟冠也是唐代贵族生活中的一种现象"❶。这一结论有待商榷。将目前已有文献和文物资料进行比对，发现唐代头戴鸟冠的女子主要分为两类：一类是乐舞女伎，另一类是侍女。

在唐代宴飨时，部分表演乐舞的女伎❷会头戴多种造型的鸟冠，身穿五彩画衣，翩然起舞。此场景在文献中有大量记载，如唐杜佑《通典》乐六"坐立部伎"条❸、宋李昉《太平御览》乐部六"宴乐"条❹，此类文献比比皆是，不胜枚举。文物图像也清晰地为我们呈现了这一场景，如洛阳博物馆藏三彩侍女俑头戴鹦鹉冠，右手下垂，左手挽袖平举胸前，作舞蹈状；唐金乡县主墓出土骑马伎乐女俑头戴孔雀冠，双手伸展，作拍击腰鼓状；吉美国立东方美术馆藏女舞俑头梳双环髻，头戴鸲鹆冠，作鸲鹆舞状。除此之外，唐代文献中还记载了乐舞女伎头戴凤冠表演舞蹈的场景，只可惜目前出土的文物中并没有发现乐舞女伎头戴凤冠表演乐舞的形象。

唐代另一类头戴鸟冠的女子是侍女，而且文献中记载头戴鸟冠的侍女均头戴凤冠，如宋李昉《太平广记》神仙二十五（卷第二十五）"元柳二公"条记载，"元和初……夫人命侍女紫衣凤冠者曰：'可送客去。而所乘者何？'侍女曰：'有百花桥可驭二子。'二子感谢拜别"❺，又据卷第四百七十五载，"唐贞元七年（791）九月……有群女，或称华阳姑，或称青溪姑，或称上仙子，或称下仙子，若是者数辈，皆侍从数千，冠翠凤冠，衣金霞帔，彩碧金钿。"❻在前文提到的北京故宫博物院、波士顿美术馆及私人收藏的三彩女坐俑的服饰穿戴大致相同，均是内着窄袖襦，外罩半臂，下着长裙，足穿翘头履的形象，只是手上所拿之物略有区别，分别为小鸟、如意和长巾。从所执日常用物来看，其身份应为侍

---

❶ 颜娟英，石守谦. 艺术史中的汉晋与唐宋之变［M］. 台北：石头出版社，2014：281-310.
❷ 唐代金乡县主墓出土乐舞女俑五件，但其中只有一件为头戴孔雀冠的乐舞女伎形象，说明唐代乐舞女伎在表演时并不是都戴鸟冠。具体文献可参考：王自力，孙福喜. 唐金乡县主墓［M］. 北京：文物出版社，2002：54-58.
❸ 杜佑. 通典［M］. 王文锦，王永兴，等，点校. 北京：中华书局，2016：3707.
❹ 李昉. 太平御览［M］. 北京：中华书局，1960：2567.
❺ 李昉. 太平广记［M］. 北京：中华书局，1961：166-168.
❻ 李昉. 太平广记［M］. 北京：中华书局，1961：3910-3911.

女。中国国家博物馆和上海博物馆藏的两座三彩侍女坐俑，除了头梳发髻和手中执物与这三件女坐俑不同，其余均大致相同（图1-13、图1-14）。唐代壁画中也有大量的此类侍女形象，这些侍女一般都是手拿各种物品，表现出即将侍奉主人的姿态。❶所以，这三件头戴凤冠的女坐俑应与文献记载和前述文物一样，均为唐代侍女形象。

图1-13　三彩侍女坐俑（中国国家博物馆藏）

图1-14　三彩侍女坐俑（上海博物馆藏）

笔者认为，唐代头戴鸟冠的女子并非学界所说的贵族阶层，而应该是下层的乐舞女伎和侍女，因为在《唐六典》卷四《尚书礼部》中言及皇后之服、外命妇之服时，皆为"钿钗礼衣"❷之制，并未提及冠冕。此外，"正式将凤冠定为礼服，纳入后妃官服制度，是从宋代开始的"❸。宋代后妃在受册、朝谒等重要场合，都要按规定佩戴凤冠，其形制在《宋史·舆服志》中也有明确记载，"首饰花九株，小花同，并两博鬓，冠饰以九翚、四凤"❹。所以历唐之世，凤冠并不是女子的权力象征。

同时，鸟冠在唐代乐舞女伎和侍女首服中最先出现也是有原因的。唐代是中国古代社会

---

❶ 韩建武. 唐代壁画珍品馆导览［M］. 北京：文物出版社，2021：154，233.

❷ 商务印书馆《四库全书》出版工作委员会. 文津阁四库全书（第五九五册）［M］. 北京：商务印书馆，2006：251.

❸ 吴艳荣.（龙）凤冠成为皇后象征之历史考察［J］. 江汉论坛，2020（1）：105-113.

❹ 脱脱. 宋史［M］. 北京：中华书局，2000：2365.

政治、经济、文化发展的鼎盛时期，社会风气十分开放，被西方学者称为"世界性的帝国"[1]，唐代女子羃篱、帷帽等首服都曾风靡长安。笔者认为鸟冠最先是由于表演的需要被乐舞女伎所使用，之后才在侍女中普遍流行，并成为一种时尚。查阅《太平御览》《通典》等文献，可知唐代宫廷燕乐的表演形式主要分为坐部伎与立部伎，小型宫廷乐舞包括健舞和软舞，其中具体的乐舞表演种类还有很多。乐舞女伎为了表演的需要，除了首服鸟冠外，还创制了很多新的首服。因为乐舞女伎是宫中的时尚群体之一，所以她们创造的新的首服会成为"宫样"，引领着首服的流行乃至演进。正如陈宝良所说，"时尚人物是服饰流行时尚形成的始作俑者，且始终引领服饰时尚，说明娱乐界自古以来就一直是服饰时尚的策源地"[2]。

综上所述，由于唐代乐舞种类多样，女伎为了乐舞表演需要，会佩戴各种造型的鸟冠，如孔雀冠、鹦鹉冠、凤冠等。此外，唐代相关文献记载和出土文物所呈现的侍女形象都头戴凤冠，而且从目前文献记载和笔者收集到的文物图像来看，在唐代女子首服鸟冠中，只有凤冠是乐舞女伎和侍女都佩戴的首服，说明凤冠在唐代女子中普遍流行。

在唐代首次出现的女子首服鸟冠，冠作鸟象，具有鲜明的时代特征，由于存世文物较少，更加凸显其弥足珍贵。文献和文物是了解唐代女子首服鸟冠的两条重要途径，通过比对分析和研究，可知唐代女子首服鸟冠是一种统称，其具体造型多样，鸟冠中的凤冠与凤形步摇钗的形制差异显著。鸟冠的佩戴人群为下层乐舞女伎和侍女，由于唐代乐舞女伎的乐舞表演种类多样，进而鸟冠的造型也十分丰富，侍女则只佩戴凤冠。鸟冠在唐代女子首服中的出现，不仅使唐代女子首服的种类缤纷多彩，也为后世女子首服式样的创新演变奠定了基础。

第二节

宋代女子首服"盖头"

宋人高承在《事物纪原》中描写宋代女子首服时写道："面衣，前后全用紫罗为幅下

---

[1] 陆威仪. 世界性的帝国：唐朝［M］. 张晓东，冯世明，译. 北京：中信出版社，2016.

[2] 陈宝良. "服妖"与"时世妆"：古代中国服饰的伦理世界与时尚世界（下）［J］. 艺术设计研究，2014（1）：39-47.

垂，杂他色为四带，垂于背。"❶其中提到的"面衣"指的就是"盖头"。如果我们观察宋代的人物雕塑、绘画作品以及其他视觉资料，便会发现盖头常常出现在宋代不同阶层的女子首服中，说明它在当时的使用十分普遍。

笔者翻阅中国服饰通史类书籍，仅发现了几句关于宋代女子盖头的描述。沈从文先生在《中国古代服饰研究》中谈到宋佚名《耕织图》中的妇女首服时仅提到，"宋代的纱、罗盖头由唐代帷帽发展而来"❷。周锡保先生在《中国古代服饰史》中推测，"四川广汉出土的宋代三彩釉女俑头上所戴之物疑似盖头"❸。目前学术界对于宋代女子首服盖头的源起、形制及佩戴方式、用途等相关问题，并没有详细讨论，至今仍无定论。笔者将以物质文化史的研究方法对盖头的诸多问题进行深入研究，全面探讨宋代女子首服盖头。

一、盖头的源起

宋承唐制，包括唐代的舆服制度。宋周辉《清波杂志》中记载："士大夫于马上披凉衫，妇女步通衢，以方幅紫罗障蔽半身，俗谓之盖头，盖唐帷帽之制也。"❹宋孔平仲《珩璜新论》中记载："唐永徽以后皆用帷帽，拖裙到颈，渐为浅露，若今之盖头矣。"❺可见宋代女子首服"盖头"应源起于唐代女子首服帷帽。

关于帷帽，《旧唐书·舆服志》中记载："永徽之后，皆用帷帽，拖裙到颈，渐为浅露。寻下敕禁断，初虽暂息，旋又仍旧，咸亨二年又下敕曰：'百官家口，咸预士流。至于衢路之间，岂可全无障蔽？比来多着帷帽，遂弃羃篱……'"❻为此，朝廷曾下旨禁止此种行为，原因是"过为轻率，深失礼容"。唐刘肃《大唐新语》中也有与其相同的记载："显庆中，诏曰：'百官家口，咸预士流。至于衢路之间，岂可全无障蔽？比来多着帷帽，遂弃羃罗……过于轻率，深失礼容。自今已后，勿使如此。'"❼但是由于"递相效

---

❶ 高承. 事物纪原［M］. 北京：中华书局，1989：139.

❷ 沈从文. 中国古代服饰研究［M］. 北京：商务印书馆，2011：480.

❸ 周锡保. 中国古代服饰史［M］. 北京：中央编译出版社，1996：305.

❹ 周辉. 清波杂志［M］. 秦克，校点. 上海：上海古籍出版社，2007：5030.

❺ 孔平仲. 珩璜新论［M］. 北京：中华书局，1985：37.

❻ 刘昫. 旧唐书［M］. 北京：中华书局，2000：1331. 注：羃离，其本义泛指一切覆盖下垂的东西。帷帽与羃离的不同点是前者所垂帽裙较短，只到颈部，后者所垂帽裙较长，实则是一种较长的首服，帷帽由羃离演变而来。本文主要探讨宋代女子"盖头"，因为其与帷帽的形制更加接近，所以笔者只是让读者知道帷帽与羃离的关系即可，由于篇幅有限，在此不多着笔墨探讨。

❼ 刘肃. 大唐新语［M］. 北京：中华书局，1984：151.

仿，浸成风俗"，其收效甚微，最终至神龙末，幂篱始绝❶。帷帽成为唐代女子出行时的时尚之物。

沈从文先生认为，"有属于硬胎笠帽下垂网帘的，应即帷帽"❷。在现存的唐代文物中也可见帷帽，如唐李昭道《明皇幸蜀图》中的骑马女子（图1-15）和吐鲁番阿斯塔那唐墓出土的骑马女俑（图1-16）头上所戴之物即帷帽。宋人张择端所绘的《清明上河图》展现了宋代繁华的汴京（今河南省开封市）都市，虽然画卷中出现的女子人数寥寥无几，但是也可以从中见到唐代服饰的遗风，如女子头戴帷帽骑驴出行的形象（图1-17）。

图1-15 《明皇幸蜀图》中的骑马女子

图1-16 吐鲁番阿斯塔那唐墓出土的骑马女俑

图1-17 《清明上河图》中头戴帷帽的女子

根据宋周辉《清波杂志》的记载，宋代女子首服盖头起源于唐代女子首服帷帽，可见帷帽和盖头之间的关系较为密切，但唐代和宋代女子出行时使用首服帷帽和盖头的初衷却不同。首先，唐代思想进步，社会风尚多变，女子外出时使用帷帽是为了摆脱封建礼教束缚所做的大胆尝试；而宋代崇尚理学，在理学思想的影响下，整个社会通过制定家规、家训等措施，大力宣传女子礼教。其次，宋代商品经济发达，市民阶层的进一步壮大，使社会风尚也随之变化。有宋一代，盖头取代了帷帽的地位，它不仅是女子外出时所使用的首服，也是女子日常生活中出席重要场合（如婚礼、葬礼）时普遍使用的服饰之一，其形制、用途及佩戴方式进一步扩大。

❶ 欧阳修，宋祁. 新唐书［M］. 北京：中华书局，2000：581.
❷ 沈从文. 中国古代服饰研究［M］. 北京：商务印书馆，2011：350.

二、盖头的形制及佩戴方式

参见北京故宫博物院藏宋李嵩《货郎图》（图1-18）、宋佚名《耕织图》中的村妇（图1-19）、宋张择端《清明上河图》中的骑驴女子（图1-20），以及江苏泰州森森庄宋墓出土的贵妇木俑（图1-21）形象，她们头上所戴的首服均是盖头❶。这些首服形制基本相同，均把布帛缝制成风兜状的样式，类似风帽，下缀帽裙，佩戴时直接套在头顶，露出面部，帽裙披搭于背后，长不及腰。上述图像中的盖头形象与文献的记载相一致。

图1-18　《货郎图》局部（北京故宫博物院藏）

图1-19　《耕织图》局部

图1-20　《清明上河图》中头戴盖头的女子

图1-21　宋代贵妇木俑（江苏泰州森森庄宋墓出土）

❶ "盖头"不仅是宋代城市（上层阶段）中的女子使用之物，农村中的女子也普遍使用，如宋毛珝《吴门田家十咏其八》诗云："田家少妇最风流，白角冠儿皂盖头。"

盖头在宋代女子首服中的普遍使用，间接刺激了宋代其他艺术形式在创作中对女子盖头的借鉴，如宋代湖田窑观音像（图1-22），就像一位头戴盖头的宋代女子，世俗化色彩大大加强。文化部（现文化与旅游部）艺术品评估委员会委员余光仁先生认为，宋代湖田窑观音像"头部特殊配饰显然亦有这种宋代妇女普遍流行的盖头装饰的特点"，宋代女子盖头也成为判断此尊观音像烧造年代的一个佐证。❶由此我们也可以推测出，美国纳尔逊·阿特金斯艺术博物馆藏宋佚名《水月观音图》（图1-23）和四川博物院藏宋佚名《柳枝观音像》（图1-24）中的观音首服造型的来源也是宋代女子首服盖头。

图1-22　宋代湖田窑观音像

图1-23　《水月观音图》局部

图1-24　《柳枝观音像》局部

宋高承在《事物纪原》中写道："永徽之后用帷帽，后又戴皂罗，方五尺，亦谓之幞头，今日盖头。"❷宋代的一尺大约合今31.68厘米，盖头"方五尺"，指其周长大约为158.4厘米，每条边长约为79.2厘米。根据文献与图像互证，我们可知，盖头的帽裙披搭于背后的长度，大致到腰部位置，符合文献中"方五尺"的记载。

笔者认为，如果把高承所说的"幞头，今日盖头"中的二者等同起来看待，语义有些含糊不清。幞头的形制在宋代发生了很大的变化，宋沈括《梦溪笔谈》中记载："幞头一谓之'四脚'，乃四带也，二带系脑后垂之，二带反系头上，令曲折附顶，故亦谓之'折上巾'……本朝幞头有直脚、局脚、交脚、朝天、顺风，凡五等，唯直脚贵贱通服

❶ 余光仁. "饶玉"之美：对一尊宋代湖田窑观音像的鉴赏[J]. 东方收藏，2011（1）：61-62.
❷ 高承. 事物纪原[M]. 李果，订. 金圆，许沛藻，点校. 北京：中华书局，1989：141.

之。"❶可见在宋代，幞头与盖头的形制差别很大。很多学者根据高承的此条文献认为幞头就是盖头，实属误会。❷

由于宋代画家以高超的技艺，非常写实地描绘了盖头的造型，所以笔者根据图像中所呈现出的信息，进一步发现盖头的佩戴方式具有多样性，并不是重复单一的方式（婚礼所使用的盖头佩戴方式除外，笔者将在下文论述）。江苏泰州森森庄宋墓出土贵妇木俑（图1-21）所戴盖头的帽裙下摆制成圆形，下垂至腰部以上，帽裙的下端被割开，形成两个披肩状，下端制成尖角形，自然下垂。如果我们对宋李嵩《货郎图》（图1-18）中的两位村妇所戴的盖头进行仔细观察，便会发现，其佩戴方式也是不同的。左图一人所戴盖头包住了前额的发髻，在耳部位置用绦带结扎起来。倘若要想更清楚地看到绦带结扎后盖头的具体造型是什么样，可参看美国大都会博物馆藏宋李嵩的另一幅《货郎图》（图1-25）中的女子形象，图中清楚地展示了这种盖头的佩戴方式确实是用绦带结扎，并且结扎后的绦带两端自然下垂。右图一人所戴碎花盖头并没有把前额发髻罩住，前面发髻上斜插的梳子发饰清晰可见，帽裙披搭于后背，自然垂下，并无结扎，其与宋佚名《耕织图》中的农妇所使用的盖头佩戴方式相同。

图1-25 《货郎图》局部（美国大都会博物馆藏）

由此可以推断出，宋张择端《清明上河图》中的骑驴女子（图1-20）头上所戴之物也应是盖头，女子前额发髻上的发饰清晰可见，只是佩戴方式不同罢了。宋孟元老在《东京梦华录》中写道："妓女旧日多乘驴，宣、政间惟乘马，披凉衫，将盖头背系冠子上。"❸他又提供了一种宋代盖头的佩戴方式。由此可见，盖头在宋代的形制基本相同，但佩戴方式是多样的，它在宋代女子日常生活中普遍使用，正如沈从文先生所言，"'盖头'确实是宋代女子普遍流行的头上应用物"❹。

---

❶ 沈括. 梦溪笔谈［M］. 施适，校点. 上海：上海古籍出版社，2015：3.
❷ 戏曲史研究专家唐山先生在其文章《江西鄱阳发现宋代戏剧俑》中描述头戴"盖头"的女瓷俑时写道："头戴遮面幞头，身着宽袖袍，腰束丝带，脚穿尖靴。"实则在宋代，幞头与"盖头"是两种不同的首服样式，因此唐山先生把幞头完全等同于"盖头"有误。唐山. 江西鄱阳发现宋代戏剧俑［J］. 文物，1979（4）：6-9，99-100.
❸ 孟元老. 东京梦华录［M］. 王永宽，注译. 郑州：中州古籍出版社，2010：142.
❹ 沈从文. 中国古代服饰研究［M］. 北京：商务印书馆，2011：480.

三、盖头的用途

由前文可知，从上层贵妇到下层妇女，盖头在宋代各个阶层的女子首服中普遍使用。前文已讨论了宋代女子首服盖头的源起、形制及佩戴方式等相关问题，除此之外，盖头在宋代女子日常生活中的用途也是多样的。限于篇幅，笔者主要探讨宋代女子首服盖头在三种"礼制"视域下的用途，即出门蔽面、婚礼和丧礼。

宋代儒、释、道三家思想进一步融合，逐渐达到世俗化。宋人崇尚理学，为了巩固儒家礼仪和伦理教化的地位，整个社会对女子礼教的宣传不遗余力。在中国古代女子礼仪中，一直有着"蔽面"的传统，无论是"金华紫罗面衣"❶还是"皂縠幪首"❷，都与社会的礼教有着密不可分的关系。就宋代而言，宋代女子首服盖头也是"礼"范畴内的首服。如宋司马光《居家杂仪》中记载，"妇女有故身出，必拥蔽其面（盖头）。男子夜行以烛。男仆非有缮修，及有大故，不入中门。入中门，妇人必避之。不可避，亦必以袖遮其面"❸，"在公共场合，宋代妇女则要戴盖头，以障蔽面部……偶尔出门，也要乘轿坐车或戴盖头，与尘世依然有一帘之隔"❹。宋代的女子首服盖头多用于室外，在室内通常不戴，如宋洪迈在《夷坚支景》卷八中记载："安定郡王赵德麟，建炎初自京师挈家东下，抵泗州北城，于驿邸憩宿。薄晚，乎索熟水，即有妾应声捧杯以进，而用紫盖头覆其首，赵曰：'汝辈既在室中，何必如是？'"❺

除此之外，自有宋一代以来，新娘出嫁时也使用盖头蒙面❻，"这是具有特定含义的盖头，与妇女平时室外戴的盖头存在差别"❼，其佩戴方式与上文中提到的不同，佩戴时盖住整个面部，长度大致到腰部位置。1975年，江西鄱阳县磨刀石公社殷家大队发掘了南宋

---

❶ 葛洪. 西京杂记［M］. 周天游，校注. 西安：三秦出版社，2005：62.
❷ 干宝. 搜神记［M］. 北京：中华书局，1981：110.
❸ 司马光. 司马氏书仪［M］. 北京：中华书局，1985：43.
❹ 钟年，孙秋云. 肉体与精神的双重禁锢——宋代的妇女生活［J］. 文史杂志，1996（1）：43-44.
❺ 洪迈. 夷坚支景［M］. 郑州：大象出版社，2008：277-278.
❻ 宋代以前，女子出嫁使用"景衣"，景衣和盖头在结婚时的用法是否相同，仍待考证。笔者认为，《仪礼·士昏礼》记载："妇乘以几，姆加景，乃驱。"汉郑玄注："景之制盖如明衣，加之以为行道御尘，令衣鲜明也。"也就是说，新娘出嫁时身披景衣，目的是遮挡尘土，以保持礼服鲜亮，显然和宋代结婚时使用的盖头不是一回事。据唐段成式《酉阳杂俎》记载，"近代婚礼……以蔽膝覆面"。说得也不是很清楚，而且宋代以前也没有相关文物出土。直到宋代以后，我们可以结合文献与出土文物（图1-26）互证，清晰表明宋代新娘出嫁时，使用"盖头"蒙面。自宋以后的朝代，大婚时，新娘均头戴盖头出嫁，如明刊本《屠赤水批评荆钗记》，清吴友如《山海志奇图》等，都留存了大量的相关图像，笔者不在此赘述。
❼ 游彪. 宋史：文治昌盛与武功弱势［M］. 台北：三民书局股份有限公司，2009：297.

洪子成夫妇合葬墓❶，其中出土了一件头戴盖头的戏瓷俑（图1-26），此女瓷俑头戴盖头，推测其在宋代南戏表演中扮演结婚女子的角色。这是因为在宋代南戏剧本中，爱情故事占有很大比重❷，这点我们从宋人津津乐道的南戏剧本《张协状元》中就可以看出，如《张协状元》第五十三出唱道："［幽花子］盖头试待都揭起。（贴）春胜也不须留住。（合）天生缘分克定，好一对夫妻。"❸

随着宋代坊市制度的废除，商品经济贸易逐渐发达，这种城市商品经济的繁荣发展催生了宋代女子服饰的奢侈攀比之风，大婚时女子使用的盖头的奢华程度不言而喻。比如宋吴自牧在《梦粱录》中的相关记载，临安婚礼前三日"男家送催妆花髻、销金盖头、五男二女花扇，花粉盝、洗项、画彩钱果之类"❹。高春明先生认为此处的"催妆盖头"应为红帛。学者徐美云也说："从后晋到元朝，盖头在民间流行，并成为新娘不可缺少的喜庆装饰。为了表示喜庆，盖头都选用红色的。"❺由此可知，宋代婚礼中女子使用的盖头应为红色，正好与新娘身上所穿的乾红大袖团花霞帔相匹配。到了大婚当日，新娘迎娶到新郎家，二人并于立堂前，新郎"以秤或用机杼挑盖头，方露花容，参拜堂次诸家神及家庙"❻。在宋元时期十分流行的小说话本中，也有与其相关的文献记载，如在《张主管志诚脱奇祸》中记载："这小夫人着

图1-26 戏瓷俑（南宋洪子成夫妇合葬墓出土）

❶ 唐山. 江西鄱阳发现宋代戏剧俑［J］. 文物, 1979（4）: 6-9, 99-100.
❷《中国艺术史（戏曲卷）》记载："初生的南戏选择了家庭生活与男女爱情关系的角度切入社会生活，这个角度最便于发挥南戏的舞台特长，它所体现的又正是人生最核心的部分，也是人类情感最为关注的部分，因而这种选择给南戏带来了初发生命力。"具体文献可参考：史仲文. 中国艺术史·戏曲卷［M］. 石家庄: 河北人民出版社, 2006: 218. 此外，廖奔先生认为，"鄱阳县南宋景定五年洪子成墓出土瓷俑以生、旦为主，体现了南戏的特色。其中旦色头裹盖头装扮新娘的形象，令人想起《张协状元》末出里的人物扮饰：生旦洞房花烛，旦大装上。（外唱）'盖头试待都揭起'，其中所说的'大装'扮饰，就是与瓷俑类似的形象。"具体文献可参考：史仲文. 中国艺术史·戏曲卷［M］. 石家庄: 河北人民出版社, 2006: 213-214.
❸ 九山书会. 张协状元校释［M］. 胡雪冈, 校释. 上海: 上海社会科学院出版社, 2006: 199.
❹ 吴自牧. 梦粱录［M］. 北京: 中国商业出版社, 1982: 173.
❺ 徐美云. 新娘"红盖头"的由来［J］. 文史博览, 2008（5）: 31.
❻ 吴自牧. 梦粱录［M］. 北京: 中国商业出版社, 1982: 174.

销金乾红大袖团花霞帔，销金盖头……小夫人揭起盖头，看见员外须眉皓白……"❶这种宋代民间结婚时使用盖头的风俗进一步影响到了高墙深院中的皇族宗亲，如《宋史·礼志》中记载："诸王纳妃。宋朝之制……锦绣绫罗三百匹，果盘、花粉、花羃（花罗'盖头'）……"❷当然，诸王纳妃时使用的奢华盖头与民间结婚时所使用的不能相提并论。宋代以后，女子出嫁戴盖头的风俗一直延续不衰，至有清一代，上升为礼制规范。❸

此外，宋吕祖谦《吕氏家范》中记载："妇人皆盖头。至影堂前。置柩于床，北首。"❹由上述文献记载可知，盖头在宋代的丧礼中也有应用。古代丧服以布的精粗为度，不讲究颜色，主要是因为"古代染色不甚发达，上下通服白色，所以颜色不足为吉凶之别。后世采色之服，行用渐广，则忌白之见渐生"❺。宋人程大昌在其所著《演繁露》中把忌白的由来说得十分清楚。❻所以宋代女子在丧礼中所使用的首服盖头与日常在室外和婚礼场合中使用的不同，具有特别的颜色和材质方面的规定。根据《宋史》中有关凶礼的"服纪"规定："高宗时期御朝浅素，孝宗时出现了白布幞头、白布袍、白绫衬衫，光宗在此基础上又规定士庶于本家素服。"❼所以笔者认为，宋代女子在丧礼中所使用的盖头应是白色粗布材质。❽岭南地区地理位置偏远，受儒家思想影响较小，所以当宋代北方人看到此地区女子头戴白色的盖头时，"遂讶曰：'南瘴疾杀人，殆比屋制服者欤？'……尝闻昔人有诗云：'箫鼓不分忧乐事，衣冠难辨吉凶人。'"❾在宋周辉的《清波杂志》中，也有相似的记载，"广南黎洞，非亲丧亦顶白巾，妇人以白布巾缠头"❿。在山西长治故漳村宋

❶ 程毅中. 宋元小说家话本集[M]. 北京：人民文学出版社，2016：723.

❷ 脱脱. 宋史[M]. 北京：中华书局，2000：1841. 文中提及的"花羃"就是以花罗制成的"盖头"。

❸ 赵尔巽，等. 清史稿[M]. 上海：上海古籍出版社，1986：356-358.

❹ 吕祖谦. 吕氏家范[M]. 上海：华东师范大学出版社，2014：186.

❺ 吕思勉. 中国通史[M]. 北京：中国华侨出版社，2016：196.

❻ 程大昌《演繁露》中记载："《隋志》：宋、齐之间，天子宴私，著白高帽；士庶以乌；天子在上省，则帽以乌纱，在永福省（今广福县），则白纱。隋时以白帢通为庆、吊之服，国子生服白纱巾。晋人著白接䍦，窦革《酒谱》曰：'白接䍦，巾也。'南齐桓崇祖守寿春，著白纱帽，肩舆上城……郭林宗遇雨垫巾，太子（李）贤注云：周迁《舆服杂事》曰：巾以葛为之，形如帢。本居士野人所服。魏武造帢，其巾乃废。今国子学生服焉，以白纱为之……《唐六典》：天子服有白纱帽。其下服如裙襦袜皆以白。视朝听讼，燕见宾客，皆以进御。然其下注云：亦用乌纱。则知古制虽存，未必肯用，习见忌白久矣。"

❼ 脱脱. 宋史[M]. 北京：中华书局，2000：1968-1969.

❽ 《宋史》卷一百五十三记载："乾道初，礼部侍郎王龟奏：'白衫，有似凶服……于是禁服白衫，白衫祇用为凶服矣。'"可见由于白衫色白而成为"凶服"，所以笔者认为作为凶服的盖头也应是白色。具体文献可参考：脱脱. 宋史[M]. 北京：中华书局，2000：2392.

❾ 周去非. 岭外代答[M]. 查清华，校点. 郑州：大象出版社，2008：165-166.

❿ 周辉. 清波杂志[M]. 秦克，校点. 上海：上海古籍出版社，2007：5126.

墓东壁北部壁龛的壁画（图1-27）中，刻有一头戴盖头，身穿圆领白色长袍的女子形象。临夏祁家庄宋代砖雕墓装饰（图1-28）中也刻有一头戴盖头，身穿长裙，外罩褙子的女子形象。这一类图画题材被考古人员称为"吊孝图"，这些身穿丧服的哀悼女子似乎是对哭丧场景的再现。但目前考古报告中把女子头上所戴之物称为"孝巾"❶❷，笔者认为有误，其应称为"盖头"，因为"孝巾"一词最早出现在后世明代人的文献记载中，宋代并无此称。

图1-27　山西长治故漳村宋墓东壁北部壁龛壁画　　图1-28　临夏祁家庄宋代砖雕墓装饰

综上所述，宋代女子首服盖头被宋人在现实生活中赋予了更多的意义。

"素脸红眉，时揭盖头微见"❸，由于宋代思想观念与风俗之变，由唐代女子首服帷帽演变而来的盖头成为宋代女子日常生活中普遍使用的首服。有宋一代，盖头的形制及佩戴方式、用途特征鲜明，体现出宋代理学思想对女子服饰的普遍影响。此外，在中国古代服饰的发展演变进程中，宋代女子首服处于中国古代女子首服史中承前启后的转折阶段，具有较强的时代特征。盖头不仅成为女子普遍使用的首服，也为后世女子首服式样的创新奠定了基础。

❶ 朱晓芳，王进先，李永杰. 山西长治市故漳村宋代砖雕墓［J］. 考古，2006（9）：31-39，102-103.

❷ 临夏市博物馆. 临夏祁家庄宋代砖雕墓清理简报［J］. 陇右文博，2014（1）：11-17.

❸ 柳永. 柳永集［M］. 孙光贵，徐静，校注. 长沙：岳麓书社，2003：59.

第二章

传统服饰与表演研究

第一节

唐代参军戏表演服饰

唐代（公元618～907年）是中国古代封建社会政治、经济发展的高峰时期，戏曲文化异彩纷呈。唐代参军戏是中国戏曲走向成熟的重要阶段，在中国戏曲发展史上占有重要的地位。出于诸多原因，唐代参军戏角色的演出服饰来源于宫廷中官员的常服，也为宋代戏曲服饰文化的转型奠定了基础。本节以唐代出土的参军戏图像中角色所着服饰为例，利用图像学的研究方法，以唐代墓葬中出土的俑以及传世绘画等作品为视觉媒介，并将图像中角色的首服、体服和足服与唐代官员常服进行比对分析，尝试追溯其源头及考证其与唐代官员常服之间的关系，并推测唐代女子着男装扮演参军戏时所着服饰的来源，全面探讨唐人如何利用服饰语言对戏曲角色形象进行艺术化处理。

唐代参军戏属于典型的科白戏，从唐李商隐的《骄儿诗》中"忽复学参军，按声唤苍鹘"[1]一句可以看出，在参军戏的表演中有两个角色——"参军"和"苍鹘"，在五代的戏曲表演中依然沿袭。至宋代，转变为副净色和副末色[2]，并对后世戏曲角色的进一步完备产生了重要影响。在唐代的参军戏表演中，"盖参军是主，苍鹘是仆也"[3]。廖奔先生说："参军戏主仆相从的矛盾对立面设置也适宜于增强戏剧性和喜剧效果。"[4]从中也可以看出，唐代参军戏是角色之间以插科打诨的方式进行的滑稽调笑表演，以达到供上层统治者调笑娱乐的目的。[5]宫廷

❶ 李商隐. 玉溪生诗集笺注［M］. 冯浩，笺注. 蒋凡，标点. 上海：上海古籍出版社，1979：414.
❷ 《南村辍耕录》卷二十五"院本名目"条："一曰副净，古谓之参军。一曰副末，古谓之苍鹘。"陶宗仪. 南村辍耕录［M］. 武克忠，尹贵友，校点. 济南：齐鲁书社，2007：330.
❸ 李商隐. 玉溪生诗集笺注［M］. 冯浩，笺注. 蒋凡，标点. 上海：上海古籍出版社，1979：417.
❹ 史仲文. 中国艺术史·戏曲卷［M］. 石家庄：河北人民出版社，2006：62.
❺ 《太平御览》卷五百六十九"优倡"条："石勒参军周延为馆陶令，断官绢数百匹，下狱，以八议宥之。后每大会，使俳优着介帻黄绢单衣，优问：'汝为何官，在我辈中？'曰：'我本为馆陶令，斗数单衣，曰政坐取，是故入汝辈中。'以为笑。"李昉. 太平御览［M］. 北京：中华书局，1960：2572.

中的参军戏艺人实则为君王的"笑谑之具"❶。服饰作为角色最直观的外在身份、地位的体现，观众很容易根据其穿戴判断出角色所扮演的具体身份。

笔者通过整理唐代五十余座墓葬出土的考古报告，发现依然保存下来且与参军戏相关的墓葬有十余座（表2-1）。在目前已出土的参军戏图像中，笔者进一步发现唐代参军戏中还出现了女子着男装演戏的场景，但仅出土初唐时期一例❷，其余可考证的信息均为文献记载。笔者推测，唐代参军戏角色所着服饰受到宫廷中官员常服的影响。此外，女子着男装扮演参军戏除了受到官员常服的影响外，也应受到了唐代女着男装的时尚风气的影响。

表2-1 唐代墓葬出土参军戏图像中的角色及服饰名目

文物	出土地点	角色	服饰名目（首服/体服/足服）
唐鲜于庭海墓出土参军戏俑❸	陕西	参军	幞头/圆领窄袖绿色长袍，腰束带/黑色尖头长筒靴
		苍鹘	幞头/圆领窄袖绿色长袍，腰束带/黑色尖头长筒靴
唐新疆阿斯塔纳张雄夫妇墓出土参军戏俑❹	新疆	参军	幞头/圆领窄袖黄绢单衣，腰束带/乌皮靴
		苍鹘	幞头/圆领窄袖黄绢单衣，腰束带/乌皮靴
唐游击将军穆泰墓出土参军戏俑❺	甘肃	参军	幞头/圆领窄袖长袍，腰束带/靴
		苍鹘	幞头/圆领窄袖浅黄色长袍，腰束带/靴
唐金乡县主墓出土参军戏俑❻	陕西	参军	幞头/圆领窄袖长袍，腰束带/靴
		苍鹘	幞头/圆领窄袖长袍，腰束带/靴
唐孙承嗣夫妇墓出土参军戏俑❼	陕西	参军	幞头/圆领窄袖白色长袍，腰束带/靴
		苍鹘	幞头/圆领窄袖长袍，腰束带/靴

---

❶《因话录》卷一和政公主谏曰："禁中侍女不少，何必须得此人？使阿布思真逆人也，其妻亦同刑人，不合近至尊之座。若果冤横，又岂忍使其妻与群优杂处为笑谑之具哉？妾虽至愚，深以为不可。"赵璘.因话录［M］.新1版.温庭筠，述.北京：中华书局，1985：2.

❷ 金维诺，李遇春.张雄夫妇墓俑与初唐傀儡戏［J］.文物，1976（12）：44-50，99.

❸ 中国戏曲志编辑委员会.中国戏曲志·陕西卷［M］.北京：中国ISBN中心，1995：628.

❹ 笔者推断其与唐高宗皇后提出的女子禁演优戏的法令有关，《旧唐书·高宗本纪》载："龙朔元年（661），皇后请禁天下妇人为俳优之戏，诏从之。"刘昫.旧唐书［M］.北京：中华书局，2000：55.

❺ 王春，王彦川，黄丽宁，等.甘肃庆城唐代游击将军穆泰墓［J］.文物，2008（3）：32-51，1.

❻ 韩保全，张达宏，王自力，等.西安唐金乡县主墓清理简报［J］.文物，1997（1）：4-19，97-99，2，1.

❼ 笔者认为此二人为参军戏俑，因为其与唐金乡县主墓出土参军戏俑一样，都为长髯胡人形象.张全民，刘呆运，王久刚，等.唐孙承嗣夫妇墓发掘简报［J］.考古与文物，2005（2）：18-28.

续表

文物	出土地点	角色	服饰名目（首服／体服／足服）
郑州大象陶瓷博物馆藏唐参军戏俑❶	不详	参军	幞头／圆领窄袖绿色长袍，腰束带／黑色靴
		苍鹘	幞头／圆领窄袖黄色长袍，腰束带／黑色靴
西安西郊枣园唐墓出土参军戏俑❷	陕西	参军	幞头／圆领窄袖长袍，腰束带／靴
		苍鹘	幞头／圆领窄袖长袍，腰束带／靴
郑振铎先生捐赠唐参军戏俑（故宫博物院藏）❸	不详	不详	幞头／圆领窄袖长袍，腰束带／靴
唐代参军戏粉彩俑❹	河南	参军	幞头／圆领窄袖长袍，腰束带／靴
		苍鹘	幞头／圆领窄袖长袍，腰束带／靴
田王村唐墓戏弄俑❺	河南	参军	幞头／交领窄袖长袍，右臂无袖，露出黄色窄袖衫，腰束带／靴
		苍鹘	幞头／交领窄袖长袍，右臂无袖，露出黄色窄袖衫，腰束带／靴

一、首服

揆诸中国古代首服的演变历程，从头巾发展到幞头是一个漫长且复杂的过程。幞头于南北朝晚期出现以后，历经唐、宋、金、元、明，直至清初，最终被满式冠帽所取代，通行的时间前后长达一千多年。唐代是幞头发展和盛行的时期，戴幞头也成为一种流行时尚，先后出现了"平头小样""武家诸王样""英王踣样""官样圆头巾子"❻等形式，其伴随着唐代社会发展的各个时期，且每种幞头的样式形制不一，个性鲜明。

---

❶ 何飞. 郑州大象陶瓷博物馆馆藏系列（五）：唐代彩陶［J］. 收藏界，2015（1）：129-132.

❷ 石磊，阎毓民. 西安西郊枣园唐墓清理简报［J］. 文博，2001（2）：3-27.

❸ 笔者认为参军与苍鹘应均在戏剧中成对出现，疑似墓葬中遗失一戏俑。

❹ 中国戏曲志编辑委员会. 中国戏曲志·河南卷［M］. 北京：文化艺术出版社，1992：512.

❺ 刘东升，袁荃猷. 中国音乐史图鉴［M］. 2版. 北京：人民音乐出版社，2008：144.

❻《唐会要》卷三十一"巾子"（幞头）条："武德初，始用之，初尚平头小样者。天授二年，则天内宴，赐群臣高头巾子，呼为'武家诸王样'。景龙四年三月内宴，赐宰臣以下内样巾子，其样高而踣，皇帝在藩时所冠，故时人号为'英王踣样'。开元十九年十月，赐供奉及诸司长官罗头巾，及官样圆头巾子。"王溥. 唐会要（上）［M］. 上海：上海古籍出版社，2006：675.

根据表2-1可知，在唐代参军戏墓葬出土的图像中，参军与苍鹘大多成对出现，且两人首服均为幞头，如出土于唐鲜于庭诲墓（图2-1）、新疆阿斯塔纳张雄夫妇墓（图2-2）、唐游击将军穆泰墓（图2-3）、唐金乡县主墓（图2-4）、唐孙承嗣夫妇墓（图2-5）及收藏于郑州大象陶瓷博物馆（图2-6）等的参军戏俑。

图2-1 唐鲜于庭诲墓出土参军戏俑（中国国家博物馆藏）

图2-2 唐新疆阿斯塔纳张雄夫妇墓出土参军戏俑（新疆维吾尔自治区博物馆藏）

图2-3 唐游击将军穆泰墓出土参军戏俑❶

图2-4 唐金乡县主墓出土参军戏俑❷

❶ 图片来自王春、王彦川等撰《甘肃庆城唐代游击将军穆泰墓》。
❷ 图片来自韩保全、张达宏等撰《西安唐金乡县主墓清理简报》。

图2-5　唐孙承嗣夫妇墓出土参军戏俑　　　　图2-6　唐参军戏俑（郑州大象陶瓷博物馆藏）

通过图像可知，参军的首服幞头形制在唐代历史上的不同发展时期均有不同，但是苍鹘的首服幞头形制却与现实生活中人们所戴的存在差异。经过考证，笔者认为，参军与苍鹘为唐代参军戏表演中的固定角色，参军的首服幞头有固定的穿戴方式，其形制源于宫廷官员与常服规定搭配的各类幞头，正体现了艺术源于生活。但是苍鹘首服幞头疑似经过了夸张或者变形处理，成为一种特有的首服形制。由于目前出土的唐代参军戏图像大部分为初唐（公元618～712年）、盛唐（公元713～755年）时期，其余时期少见，所以笔者仅对出土的初唐、盛唐时期的参军戏图像中二人的首服试做分析，具体如下。

1.参军首服

根据文献记载，盛唐时期，景龙四年（公元710年），宫中开始出现并流行"英王踣样"幞头，又称为"内样巾子"，头部微尖呈高耸状，左右分成两半如球状，并明显向前倾。据唐封演的《封氏闻见记》卷五"巾幞"条记载，"幞头之下别施巾，象古冠下之帻也。巾子制顶皆方平，仗内即头小而圆锐，谓之内样……因此令内外官僚百姓并依此服。自后巾子虽时高下，幞头罗有厚薄大体不变焉"[1]。在唐中宗、唐睿宗时期，此种幞头样式依然流行，如《新唐书》志第十四中记载："至中宗，又赐百官英王踣样巾，其制高而踣，帝在藩时冠也。"[2]又如宋赵彦卫《云麓漫钞》卷三中记载："景龙四年，内宴赐百官内样巾子，高而后隆，目为英王样巾子。明皇开元十四年（公元726年），赐臣下内样巾子，

---

❶ 封演. 封氏闻见记［M］. 新1版. 北京：中华书局，1985：63.
❷ 欧阳修，宋祁. 新唐书［M］. 北京：中华书局，2000：353.

圆其头是也。"❶开元十九年（公元731年）之后，随着官样巾子的出现，内样巾子渐衰。

通过图像（图2-1、图2-3、图2-4、图2-5）之间的比对分析可以发现，唐鲜于庭诲墓、唐游击将军穆泰墓、唐金乡县主墓、唐孙承嗣夫妇墓等墓葬中出土的参军首服幞头相似，均为"内样巾子"。同时，此四座墓入葬时间均为盛唐时期，其又与当时唐鲜于庭诲墓出土的牵马俑（图2-7）及唐金乡县主墓出土的牵马俑（图2-8）所着的首服相似。综上分析可知，此时期唐代参军戏中参军这一角色的首服幞头源于唐代官员中流行的"内样巾子"，参军角色首服幞头的形制受到了唐代官员首服幞头形制的影响。

图2-7　唐鲜于庭诲墓出土牵马俑　　　　图2-8　唐金乡县主墓出土牵马俑

此外，新疆阿斯塔纳张雄夫妇墓出土的参军戏俑（图2-2）进一步印证了笔者上述的观点。此墓志记载时间为贞观七年（公元633年），正值初唐时期。据《旧唐书》志第二十五记载，"武德以来，始有巾子，文官名流，上平头小样者"❷。参军角色首服所戴的"平头小样"与四川邛崃龙兴寺遗址石雕供养人头像（图2-9）和阎立本所绘制的《步辇图》（图2-10）中人物头上所戴首服形制一致。

综上所述，虽然郑州大象陶瓷博物馆藏唐参军戏俑（图2-6）与郑振铎先生捐赠唐参军戏俑（图2-11）的具体时代不详，但是可以根据以上笔者对参军角色首服幞头形制的

---

❶ 赵彦卫. 云麓漫钞［M］. 北京：古典文学出版社，1957：31.
❷ 刘昫. 旧唐书［M］. 北京：中华书局，2000：1329.

研究推测出，其与新疆阿斯塔纳张雄夫妇墓出土的参军戏俑时代接近，因为二者首服幞头的形制均为初唐时期的"平头小样"。

图2-9 四川邛崃龙兴寺遗址石雕供养人头像

图2-10 阎立本《步辇图》局部

图2-11 郑振铎捐赠唐参军戏俑（北京故宫博物院藏）

2.苍鹘首服

通过前文列举的苍鹘图像可知，虽然苍鹘这一角色的首服也是幞头，但是除了初唐时期其与参军角色首服幞头相似之外，至盛唐时期，苍鹘的首服幞头出现了夸张式变形处理。但是根据相关文献中的记载，苍鹘不戴幞头，经常发髻梳得比较随意，装扮成样貌贫贱的形象。这一形象正体现了唐代参军戏"入末念酸，以为笑乐"[1]的特点，如《新五代史》卷六十一记载，"徐氏之专政也，隆演幼懦，不能自持，而知训尤凌侮之。尝饮酒楼上，命优人高贵卿侍酒，知训为参军，隆演鹑衣髽髻为苍鹘"[2]。《资治通鉴》卷第二百七十《后梁纪五》中记载，均王中贞明四年（公元918年），"知训狎侮吴王，无复君臣之礼。常与王为优，自为参军，使王为苍鹘，总角弊衣执帽以从（胡注云：'总角弊衣，如童奴之状，谓之苍鹘。'）"[3]。苍鹘角色为"髽髻""总角"的形象，宋俊华先生认为，"苍鹘这种随意滑稽的装扮，来自对市井平民随意服饰的模仿，风格接近程式化"[4]。

如果仔细观察前文列举的苍鹘图像，便会发现一个有趣的现象，有关苍鹘角色首服描

❶ 马令. 南唐书·二 [M]. 新1版. 北京：中华书局，1985：147.

❷ 欧阳修. 新五代史 [M]. 徐无党，注. 北京：中华书局，2000：495.

❸ 司马光. 资治通鉴 [M]. 胡三省，音注. 北京：中华书局，1956：8827.

❹ 宋俊华. 中国古代戏剧服饰研究 [M]. 广州：广东高等教育出版社，2003：28.

写的文献记载与墓葬出土图像中的形制不符。根据图像可知，初唐时期苍鹘角色首服幞头应为"平头小样"，与参军角色首服相同。随着参军戏表演艺术越来越成熟，盛唐时期的苍鹘角色虽然不是文献中记载的"髽髻""总角"的形象，但是其首服幞头确实出现了变异、夸张的造型特征，这种变形对于唐代参军戏来说至关重要，因为艺术高于生活才是其表演的本质。例如，唐金乡县主墓、唐孙承嗣夫妇墓出土文物中发现了长髯的胡人扮演苍鹘角色的形象，其所戴的首服幞头的形制为异域样式；唐鲜于庭诲墓与游击将军穆泰墓中出土的苍鹘形象，其首服幞头为扇面展开状。这些首服幞头的样式在唐人日常生活中很难见到，这大概就是文献中提到的有别于参军角色的苍鹘服饰吧。但是在唐路德延《小儿诗》的诗句中，"头依苍鹘裹，袖学柘枝揎"❶，似乎苍鹘角色也头戴幞头之类的东西。

总之，苍鹘角色的首服幞头有其特殊的佩戴方式，推测其是宋杂剧中固定角色的首服"诨裹"❷之滥觞。

二、体服

根据表2-1可知，唐代参军戏中的参军和苍鹘角色除了头戴幞头外，均身着圆领窄袖长袍，腰束带，足穿靴。圆领窄袖长袍与靴均非中国古代中原地区传统服饰，自汉末在西北地区的胡人中开始流行，之后逐渐向南方渗透，其实则为少数民族服饰。至唐代，这种服饰已经被汉族统治者接受，并对后世朝代把它作为官员常服的穿着规定产生了重要影响。《朱子语类》卷一百三十八"杂类"条记载："先生见正甫所衣之衫只用白练圆领，领用皂。问：'此衣甚制度？'曰：'是唐衫。'"❸圆领袍、靴等服饰的应用，进一步体现了唐代服饰文化的开放性、包容性及多元性特征。

参军是唐代官僚体系中的小官，官职较低，一般为六至九品，文献中均有对此官职的记载。如在《新唐书》卷四十九中，"司路参军事二人，正七品上……功曹、仓曹、户曹、田曹、兵曹、法曹、士曹参军事各二人，皆正七品下"❹。在《旧唐书》卷四十二中，"诸卫羽林龙武诸曹参军事、中州诸司参军事、亲王府京兆河南太原府大都督大都护府参

---

❶ 彭定求. 全唐诗［M］. 北京：中华书局，1960：8255.

❷ 张彬. 诨砌随机开口笑——宋杂剧首服"诨裹"考［J］. 南京艺术学院学报（美术与设计），2018（4）：71-74.

❸ 朱熹，黎靖德. 朱子语类·第8册［M］. 武汉：崇文书局，2018：2503.

❹ 欧阳修，宋祁. 新唐书［M］. 北京：中华书局，2000：859.

军事、《武德令》，亲王府参军，从七品下，《雍州》行参军，正八品上"❶。身份卑微的优人在戏中扮演官员参军，一般也不会触犯上层高官贵胄之忌。据宋王溥《唐会要》记载，"文武三品以上服紫……四品服深绯……五品服浅绯……六品服深绿……七品服浅绿……八品服深青……九品服浅青"❷。孙机先生在著作中表示，"绿衣原为六品、七品之服，然而中唐以后，实际上'绝无官者，皆祚衣绿'，八品、九品官于是通服绿衣……不入流的杂掌也都服绿了"❸。可见唐代参军官职应着以绿颜色为主的体服。

从目前各地所出土的唐代人物俑及现存的人物画中，可常见到此种圆领窄袖长袍。例如，吐鲁番阿斯塔纳336号墓出土的彩绘泥塑男立俑（图2-12），以及唐三彩骆驼载乐俑（图2-13）等人物形象，均身着圆领窄袖绿色长袍，与唐鲜于庭诲墓出土和郑州大象陶瓷博物馆藏唐参军戏俑所着体服相同。由此可以推测，唐代参军戏角色的体服源于唐代官员常服。此外，在诸多文献中也记载了参军戏的角色在表演中所穿着的体服为圆领绿色长袍。例如，唐赵璘《因话录》卷一中记载："肃宗宴于宫中，女优有弄假官戏，其绿衣秉简者，谓之参军椿。"❹宋姚宽《西溪丛语》卷下引《吴史》道："徐知训……登楼狎戏，荷衣木简，自号参军。"❺胡三省注《资治通鉴》卷二百七十云："优人为优，以一人幞头衣绿，谓之参军。"❻在唐代的参军戏表演中，角色身着绿衣已经成为规定，到了宋代，戏曲表演中依旧沿用唐代

图2-12　吐鲁番阿斯塔纳336号墓出土彩绘泥塑男立俑（新疆维吾尔自治区博物馆藏）

参军戏中角色所使用的绿色圆领窄袖长袍的体服样式，如宋岳珂《桯史》卷十记载，"俄一绿衣参军，自称教授"❼，宋郑文宝《江表志》卷二记载，"因入觐侍宴，伶人戏作绿衣大面……"❽。传宋苏汉臣所作《五瑞图》（图2-14）中也有一角色形象为绿衣持简者。

❶ 刘昫. 旧唐书［M］. 北京：中华书局，2000：1227-1228.
❷ 王溥. 唐会要（上）［M］. 上海：上海古籍出版社，2006：664.
❸ 孙机. 中国古典服论丛［M］. 上海，上海古籍出版社，2013：461.
❹ 赵璘. 因话录［M］. 新1版. 温庭筠，述. 北京：中华书局，1985：1.
❺ 姚宽. 西溪丛语［M］. 新1版. 北京：中华书局，1985：45.
❻ 司马光. 资治通鉴［M］. 胡三省，音注. 北京：中华书局，1956：8827.
❼ 岳珂. 桯史［M］. 上海：上海古籍出版社，2007：4421.
❽ 郑文宝. 江表志［M］. 台北：台湾商务印书馆，1986：139.

图2-13　唐三彩骆驼载乐俑局部（中国国家博物馆藏）　图2-14　《五瑞图》局部（台北故宫博物院藏）

　　笔者通过仔细阅读考古报告，并分析目前出土的唐代参军戏图像，发现角色所着体服不仅有绿色，还有橘黄色、白色。新疆阿斯塔纳张雄夫妇墓、唐游击将军穆泰墓出土简报中均有相似记载，"两个参军戏俑头戴幞头，帽檐上卷，装饰彩绘左眼圆瞪，右眼紧闭，咧嘴大笑做滑稽状，身着橘黄色圆领窄袖长袍"❶❷。唐金乡县主墓出土简报中记载，参军戏俑"头戴黑色幞头，留有长髯，身穿白色圆领窄袖袍，腰束黑色革带，足蹬黑色靴，面带嬉笑，形象滑稽"❸。唐代参军戏角色所着体服颜色到底依据哪种规定呢？通过考证，橘黄为流外官及庶人之服❹。王国维先生在《古剧角色考》中谈及参军戏时说道："其服色在唐以前则或白、或黄、或绿，宋亦谓之绿衣参军。"❺根据宋代文献记载，宋初，在很长一段时间内，参军角色在表演时穿绿衣，但在宋代戏曲演出中扮演官员的角色称为"装孤色"，根据《宋史》中对官员常服的穿戴规定，扮演官员的装孤色应穿绯色圆领大袖长袍❻，在宋代出土的画像砖、壁画等戏曲题材的图像中也可以见到装孤色的服饰穿戴样式，

❶ 金维诺，李遇春. 张雄夫妇墓俑与初唐傀儡戏［J］. 文物，1976（12）：44-50，99.

❷ 王春，王彦川，黄丽宁，等. 甘肃庆城唐代游击将军穆泰墓［J］. 文物，2008（3）：32-51.

❸ 韩保全，张达宏，王自力，等. 西安唐金乡县主墓清理简报［J］. 文物，1997（1）：4-19，89-97.

❹ 王溥. 唐会要［M］. 上海：上海古籍出版社，2006：669.

❺ 王国维. 王国维戏曲论文集［M］. 北京：中国戏剧出版社，1984：186　187.

❻《宋史》卷一百五十三："凡朝服谓之具服，公服从省，今谓之常服。宋因唐制，三品以上服紫，五品以上服朱，七品以上服绿，九品以上服青。其制，曲领大袖，下施横襕，束以革带，幞头，乌皮靴。"脱脱. 宋史［M］. 北京：中华书局，2000：2381.

其有别于唐代参军戏角色所着的绿色圆领窄袖袍服。王国维先生所说的"白""黄""绿"分别对应着《乐府杂录》中记载的"令衣白夹衫"❶,《太平御览》中记载的"使俳优着介帻黄绢单衣"❷,《新唐书·李训传》中记载的"训既败,被绿衣,诡言黜官"❸。由此可知,唐代参军戏角色体服为绿、白、黄者,在表演中除了象征低级官员,还有一层意思,那就是他们扮演的或为贪官,或为贬官。据《唐会要》记载,"黄为流外官及庶人之服"❹,这一点与《太平御览》中"石勒参军周延为馆陶令,断官绢数百匹,下狱,以人议宥之。后每大会,使俳优着介帻黄绢单衣。优问:'汝为何官,在我辈中?'曰:'我本为馆陶令,斗数单衣,曰政坐取,是故入汝辈中。'以为笑"❺的记载相一致。正如任半塘先生所言,"戏中之绿衣,不必配合唐代官吏之何等品级,亦不必谓采用某朝代之服制,乃唐戏中之官服耳……特虽同一曰'绿',而布帛有殊,泽素有别;绝非朝服、士服、罪服、戏服,于此亦皆一律。料戏服或介乎士服与罪服间耳"❻。综上,可以进一步认为,初唐以后参军戏角色体服已易黄服为绿衣,大约与唐代"武德初,遂禁士庶不得以赤黄为衣服杂饰……总章元年,始一切不许着黄"❼的服制规定改变有关。

三、足服

揆诸中国古代足服的发展演变过程,早期的足服形制为"舃""屦""履"❽。"舃"是古代君王后妃及公卿百官行礼时所穿的一种鞋子。自隋代起,朝廷规定,靴子为官员的足服。有唐一代,文武百官的常服形制弃鞋用靴,如《旧唐书》中记载,"武德初,因隋旧

---

❶ 崔令钦. 教坊记[M]. 罗济平,校点. 沈阳:辽宁教育出版社,1998:8.

❷ 李昉. 太平御览[M]. 北京:中华书局,1960:2572.

❸ 欧阳修,宋祁. 新唐书[M]. 北京:中华书局,2000:4108.

❹ 王溥. 唐会要[M]. 上海:上海古籍出版社,2006:669.

❺ 李昉. 太平御览[M]. 北京:中华书局,1960:2572.

❻ 任半塘. 唐戏弄[M]. 新1版. 上海:上海古籍出版社,2006:989-990.

❼ 刘昫. 旧唐书[M]. 北京:中华书局,2000:1328.

❽ 据《周礼》所记,"屦人掌王及后之服屦,为赤舃、黑舃、赤繶、黄繶、青句、素屦、葛屦"。具体文献可参考:崔高维. 周礼[M]. 沈阳:辽宁教育出版社,1997:17. 战国以后,"履"替代了"屦",成为鞋子的通称,正如《韩非子·外储说》中记载,"郑人有且置履者先自度其足,而置之其坐"。具体文献可参考:韩非. 韩非子[M]. 李维新,注译. 郑州:中州古籍出版社,2008:300. 之后,"鞋"又代替了"履"成为通称,曹庭栋在《养生随笔》中说道:"鞋即履也……今通谓之鞋。"具体文献可参考:曹庭栋. 养生随笔[M]. 上海:上海书店出版社,1981:66.

制，天子宴服，亦名常服……其折上巾，乌皮六合靴❶，贵贱通用"❷。穿用靴时与圆领袍、
幞头等相搭配。唐代以后，皆以靴为朝服，历宋、元、明以迄清朝，皆如此。

靴在中国古代不是中原旧制，乃传自胡人。东汉刘熙《释名》曰："靴，跨也，两足
各以一跨骑也，本胡服，赵武灵王服之。"❸《隋书》记载："唯褶服以靴。靴，胡履也。取
便于事，施于戎服。"❹《旧唐书》与《隋书》中有相同记载❺。五代马缟《中华古今注》记
载："靴者，盖古西胡也。昔赵武灵王好胡服，常服之。其制短勒黄皮，闲居之服。至马
周改制，长勒以杀之，加之以毡及条，得著入殿省敷奏，取便乘骑也，文武百僚咸服之。
至贞观三年，安西国进绯韦短勒靴，诏内侍省分给诸司。至大历二年，宫人锦勒靴侍于左
右。"❻在《新唐书》的人物传记中，也有对官员着靴的记载，如《新唐书》中记载，"（韦）
斌天性质厚，每朝会，不敢离立笑言。尝大雪，在廷者皆振裾更立，斌不徙足，雪甚，几
至靴，亦不失恭"❼，《新唐书》列传第一百二十七中记载，"帝爱其才，数宴见。白尝侍
帝，醉，使高力士脱靴"❽。有唐一代，对靴这种胡服也做了一些改良❾。宋代沿袭唐代的官
服制度，与朝服穿着搭配的足服依然为靴，如《宋史》中记载，"靴。宋初沿旧制，朝履
用靴。政和更定礼制，改靴用履。中兴仍之。乾道七年，复改用靴，以黑革为之"❿。

表2-1中列举的已出土的参军戏角色所着足服相同，均为靴。通过将其与《步辇图》
及吐鲁番阿斯塔纳336号墓出土彩绘泥塑男立俑中的官员所着足服对比，发现均穿着黑色
乌皮靴。这也进一步证明了笔者的观点：唐代参军戏角色的服饰源于唐代官员常服，并且
已经成为参军戏角色在表演中的统一着装，具有了比较稳定的"戏服"样式，成为人们识
别参军戏角色的有效途径。这种角色服饰穿戴的固定化过程，也可以说是中国戏曲服饰的
范式化过程。

---

❶ 高春明先生认为，"隋唐时期的靴子通常采用黑色，制成前先将皮革染黑，使之成为'乌皮'；然后
  将皮料裁剪成大小不同的皮块，一双皮靴通常以六块皮料缝合而成，寓东、西、南、北、天、地六
  合之意，取名'六合靴'"。高春明. 中国服饰名物考 [M]. 上海：上海文化出版社，2001：780.
❷ 刘昫. 旧唐书 [M]. 北京：中华书局，2000：1328.
❸ 毕沅. 释名疏证 [M]. 北京：中华书局，1985：161.
❹ 魏徵. 隋书 [M]. 北京：中华书局，2000：188.
❺ 刘昫. 旧唐书 [M]. 北京：中华书局，2000：1330.
❻ 马缟. 中华古今注 [M]. 沈阳：辽宁教育出版社，1998：16.
❼ 欧阳修，宋祁. 新唐书 [M]. 北京：中华书局，2000：3443.
❽ 欧阳修，宋祁. 新唐书 [M]. 北京：中华书局，2000：4411.
❾《事物纪原》曰："唐马周以麻为之，杀其勒，加以靴毡；开元中，裴叔通以羊皮为之，隐膀加以
  带子装束。"高承. 事物纪原 [M]. 李果，订；金圆，许沛藻，点校. 北京：中华书局，1989：
  158.
❿ 脱脱. 宋史 [M]. 北京：中华书局，2000：2386.

四、唐代参军戏女着男装现象的思考

随着唐代女子着男装俑（图2-15）参军戏图像的考古发现，可以推测出唐代参军戏女子着男装除了受到官员常服的影响之外，应该也受到了女着男装的时尚风气的影响。但是由于初唐颁布的相关法令，初唐以后有关女子演戏的图像几近消失，仅有几条零星的文献记载而已。笔者尝试分析如下。

唐代的大量文献均记载了男优"弄假妇人"，如唐崔令钦《教坊记》中记载，"《踏摇娘》，北齐有人姓苏，齁鼻。实不仕，而自号为'郎中'……时人弄之：'丈夫着妇人衣，徐步入场行歌'"❶（图2-16）。唐无名氏《玉泉子真录》中记载崔铉家童演戏时，"数僮衣妇人衣，曰妻曰妾，列于旁侧"❷。但笔者揆诸中国古代戏曲表演历程，发现唐代已出现女子演戏的文献记载。例如，唐赵璘《因话录》卷一载："女优有弄假官戏。"❸《新唐书》卷八十三记载："阿布思之妻隶掖廷，帝宴，使衣绿衣为倡。"❹唐薛能《女姬诗》云："此时杨花初似

图2-15　唐参军戏女着男装俑

图2-16　吐鲁番阿斯塔纳墓葬出土唐代踏摇娘俑（新疆维吾尔自治区博物馆藏）

---

❶ 崔令钦．教坊记［M］．罗济平，校点．沈阳：辽宁教育出版社，1998：6.
❷ 无名氏．玉泉子真录［M］．上海：上海古籍出版社，1988：220.
❸ 赵璘．因话录［M］．新1版．温庭筠，述．北京：中华书局，1985：1.
❹ 欧阳修，宋祁．新唐书［M］．北京：中华书局，2000：2975.

雪，女儿管弦弄参军。"❶唐范摅在《云溪友议》中记载，"元稹廉问浙东时，有刘彩春善弄参军"❷，元稹赠其诗云："新妆巧样画双蛾，漫裹常州透额罗。正面偷匀光滑笏，缓行轻踏破纹波。"❸由此可见，"持笏乘靴"，扮作参军，此"时装"也为唐代女子所拥有。

女着男装是唐代有别于其他朝代的着装特色，根据相关文献和出土文物分析，可知初唐永泰公主墓壁画中已出现头戴幞头、身着男装、足穿乌皮靴的女子形象。❹《新唐书·五行志》中记载："高宗尝内宴，太平公主紫衫、玉带、皂罗折上巾，具纷砺七事，歌舞于帝前。帝与武后笑曰：'女子不可为武官，何为此装束？'"❺而开元以后，此种着装风气传入民间。到中、晚唐时期，妇女已身着"丈夫衣服靴衫，而尊卑内外，斯一贯矣"❻。

综上所述，唐代女着男装的穿衣风尚贯穿于整个唐代。作为中国戏曲发展初期的重要戏曲形式，参军戏在不断发展和走向成熟的过程中，文化借鉴与融合起到了至关重要的作用，促使其向综合性的戏曲表演形式发展。首先，参军戏中女子着男装演出应是受到了世俗女子着男装的时尚风气的影响。其次，参军戏中女子着男装是由宫中仕宦阶层的审美取向所决定的。此时市民阶层的经济力量还不够强大，参军戏艺人主要为各地的封建割据势力和官僚服务，宫廷中有教坊，仕宦家中有家伎。宋孙光宪《北梦琐言》卷六记载："唐昭宗劫迁，百官荡析，名娼伎儿，皆为强诸侯有之。"❼唐代女子加入参军戏演出，使参军戏表演中的角色成分加强，进一步促使参军戏由简单的滑稽调笑表演向综合性表演转变。可谓之在宋代戏曲表演中出现大量女子着男装演出场面之滥觞。❽

上文通过文献与图像互证，进一步阐明了唐代参军戏角色服饰源于唐代官员常服，这是一个"再现客观现实"的过程，戏曲艺术源于生活，其服饰亦源于生活。但参军戏中苍鹘角色的首服已经有别于现实生活中的首服样式，这一点正如理查德·桑内特（Richard Sennett）所说，"如实地再现历史是不可能的，而且会危及戏剧艺术"❾。同时，在唐代参军戏表演中女子着男装的现象除了受到官员常服的影响外，也应受到了唐代女子着男装的流行时尚风气的影响，这是一个尚可探讨且值得关注的问题。虽然唐代参军戏服饰处于中

❶ 彭定求. 全唐诗［M］. 北京：中华书局，1960：6520.

❷ 张鷟，范摅. 朝野金载·云溪友议［M］. 上海：上海古籍出版社，1991：607.

❸ 元稹. 元稹集校注［M］. 周相录，校注. 上海：上海古籍出版社，2011：1563.

❹ 陕西省文物管理委员会. 唐永泰公主墓发掘简报［J］. 文物，1964（1）：7-33，58-63.

❺ 欧阳修，宋祁. 新唐书［M］. 北京：中华书局，2000：581.

❻ 刘昫. 旧唐书［M］. 北京：中华书局，2000：1331.

❼ 孙光宪. 北梦琐言［M］. 林艾园，校点. 上海：上海古籍出版社，1981：51.

❽ 张彬. 宋代戏剧服饰与时尚——以"四方宋代铭文杂剧砖雕"为例［J］. 艺术设计研究，2018（4）：56-60，69-70.

❾ 理查德·桑内特. 公共人的衰落［M］. 上海：上海译文出版社，2008：88.

国戏曲服饰的发展阶段，但后世戏曲服饰诸如程式性、装饰性和符号性等特征在此已经初露端倪，其也推动中国戏曲服饰不断走向成熟。

第二节

五代乐舞表演服饰

本节以陕西出土的五代冯晖墓彩绘乐舞雕砖为例，对五代乐舞伎表演服饰进行分析。冯晖墓是在陕西省彬州市发现的一座五代时期的重要墓葬，其墓内壁画、彩绘雕砖、器物、墓志等文物，皆属稀世珍宝。该墓葬的发现既填补了陕西省五代时期乐舞文化的考古空白，又填补了乐舞伎所着表演服饰的史料空缺。

1992年，考古队在陕西彬县（今彬州市）底店乡前家嘴村的冯家沟发现了五代后周冯晖墓。❶冯晖作为古代北方地区主要的藩镇势力之一，是五代时期重要的历史人物，《旧五代史》❷和《新五代史》❸中对其均载有传记。其墓"依山为陵的墓外形制，宏大复杂的墓内结构。在墓室甬道东、西壁一组乐舞砖雕图像，人物圆润丰盈，高贵优雅，衣着华丽，乐舞配置较高，形象地再现了墓主生前奢侈享乐场景，是迄今为止陕西省五代文物出土壁画中保存乐舞图像最为丰富的墓葬"❹。近年来，学界对冯晖墓的研究主要集中于对乐器、舞蹈的种类和名称的考辨，以及对乐舞伎的人物排列顺序的归纳与分析等❺❻，但针对图像中的乐舞伎服饰的研究相对较少。本书利用图像学的研究方法，并结合同时期墓葬中的乐舞图像进行横向对比，对陕西省出土的五代冯晖墓乐舞雕砖图像中的人物服饰进行分析，

---

❶ 据墓志载："冯晖，字广照，邺都高唐人也，生于唐末，广顺二年（952）死，显德五年（958）葬。冯晖戎马一生，备历辛勤，尚经险阻，职列从微而至著，行藏自下以升高。"具体文献可参考：咸阳市文物考古研究所.五代冯晖墓［M］.重庆：重庆出版社，2001：62.

❷ 欧阳修.新五代史［M］.徐无党，注.北京：中华书局，2000：363-364.

❸ 薛居正.旧五代史［M］.北京：中华书局，2000：1146-1147.

❹ 贾嫚.承唐启宋的五代燕乐——以冯晖墓乐舞图像为例［J］.西北大学学报（哲学社会版），2015，45（6）：35-45.

❺ 王希.五代绘画中的乐舞构图与配置——以冯晖墓彩绘砖雕乐舞图为例［J］.陕西师范大学学报（哲学社会科学版），2016，45（3）：140-147.

❻ 贾嫚.唐代拍板、筚篥、方响在五代的流变——以冯晖墓彩绘砖雕为例［J］.陕西师范大学学报（哲学社会科学版），2014，43（3）：106-112.

并通过对图像中的花冠舞伎、胡人舞伎、女着男装舞伎及"竹竿子"等人物服饰的研究，揭示五代乐舞伎服饰在承唐启宋的历史背景下以及特定时代条件下所呈现出的新的审美特征，进一步补充和完善中国古代乐舞服饰研究相关理论。

一、冯晖墓乐舞雕砖人物服饰概况

冯晖墓出土的乐舞雕砖数量丰富，且人物形象生动，考古挖掘出的墓室浮雕和被盗的浮雕共计56块，现存雕砖共54块，上、下两块能拼成一个完整的人物造型，共可以拼成28人，东壁男性和西壁女性各14人，其中东壁第六人、西壁第三人（从北向南排列）上半部被盗。❶雕砖人物中，"竹竿子"共2人，舞伎共6人，乐伎共22人。

如图2-17、图2-18所示，墓室甬道东、西壁各有一男一女手持"竹竿子"（角色也被称为"竹竿子"），引领各自的乐舞队伍，其后两伎头戴扇形缀珠高冠，是正在做舞蹈状的"花冠舞伎"，后面紧跟22名手拿各种乐器的乐伎和4名舞伎。整个乐舞队伍两两对应，均朝着一个方向正在演出。"东壁乐舞依次为方响伎、箜篌伎、拍板伎、腰鼓伎、琵琶伎、大鼓伎、两胡人舞伎、横笛伎、竿篥伎、横笛伎、芦笙伎和排箫伎；西壁依次为方响伎、竖箜篌伎、拍板伎、腰鼓伎、琵琶伎、大鼓伎、女着男装舞伎、横笛伎、小竿篥伎、大竿篥伎、芦笙伎和排箫伎等"❷。将考古报告中冯晖墓彩绘乐舞雕砖中的人物服饰进行整理，详见表2-2。

图2-17　东壁乐舞伎队（甬道东壁从北至南）

图2-18　西壁乐舞伎队（甬道西壁从北至南）

---

❶ 咸阳市文物考古研究所.五代冯晖墓［M］.重庆：重庆出版社，2001：25.
❷ 咸阳市文物考古研究所.五代冯晖墓［M］.重庆：重庆出版社，2001：25.

表2-2　冯晖墓甬道东、西两壁乐舞伎雕砖人物服饰❶

角色	人物	首服	服装	足服
竹竿子 （2人）	东壁"竹竿子"	黑色翘脚幞头	圆领宽袖长袍，袍呈赤红色，腰系白色细带	乌靴
	西壁"竹竿子"	黑色朝天幞头簪花	圆领宽袖长袍，袍身饰红色竖条，腰系带	乌靴
花冠舞伎 （2人）	东壁男舞伎	头戴尖状高冠，冠侧饰圆珠，冠额两侧飘带下垂	红色团花圆领长袖袍服，腰束黑带	高勒靴
	西壁女舞伎 （女扮男装）	头戴尖状高冠，冠侧饰圆珠，冠额两侧飘带下垂	红色团花圆领长袖袍服，腰束黑带	高勒靴
胡人舞伎 （2人）	东壁舞伎	黑色软脚幞头	红色长袖袍服，腰系黑色銙带	黑色高勒靴
	东壁舞伎	黑色软脚幞头	红色长袖袍服，袍服前面挽起，腰系黑色銙带	黑色高勒靴
伴舞 （2人）	西壁舞伎	软脚圆翅幞头	圆领红色长袖袍服	黑色高勒靴
	西壁舞伎	软脚圆翅幞头	圆领红色长袖袍服	黑色高勒靴
东壁男乐伎 （11人）	方响伎	黑色软脚幞头	红色圆领袍服	尖履
	筚篥伎	黑色软脚幞头	红色圆领袍服，两袖外翻，袖头似为绛色，腰系黑带	尖履
	拍板伎	黑色软脚幞头	身着红色圆领袍服，束红色腰带	圆头履
	腰鼓伎	黑色软脚幞头，额头扎红巾	红色束袖左衽袍服，腰裹红色宽幅巾带	圆头履
	琵琶伎	缺失	红色袍服，束红色腰带	仅露足尖
	大鼓伎	黑色软脚幞头，额头扎红巾	红色束袖左衽袍服，腰裹红色宽幅巾带	线履
	横笛伎1	黑色软脚幞头	红色圆领袍服，两袖外翻，袖头似为绛色，腰系红带	尖履
	竽篥伎	黑色软脚幞头，帽翅微垂	红色圆领袍服，两袖外翻，袖头似为绛色，腰系红带	尖履
	横笛伎2	黑色软脚幞头，帽翅上举	红色圆领袍服，两袖外翻，袖头似为绛色，腰系红带	尖履
	芦笙伎	黑色软脚幞头，帽翅微垂	红色圆领袍服，两袖外翻，袖头似为绛色，腰系红带	尖履
	排箫伎	黑色软脚幞头，帽翅微垂	红色圆领袍服，两袖外翻，袖头似为绛色，腰系红带	尖履

❶ 咸阳市文物考古研究所. 五代冯晖墓[M]. 重庆：重庆出版社，2001：13-22.

角色	人物	首服	服装	足服
西壁女乐伎（11人）	方响伎	头梳抱面高髻，戴三朵花	褐领红色广袖右衽长衫，腰部系结，长衫上似饰团花图案，内为抹胸，穿曳地长裙	被裙遮住
	竖箜篌伎	缺失	开领广袖红色长衫，衫上饰白色小花，腰前、后背饰绦带，飘垂身下，内穿曳地长裙	被裙遮住
	拍板伎	头梳抱面高髻，戴花三朵，右侧插簪	红色广袖右衽长衫，衫上饰白色团花，腰系绦带，飘垂身下，背后也有绦带两条，内为红色抹胸，穿红色曳地长裙	被裙遮住
	腰鼓伎	头梳抱面高髻，戴花三朵，高髻左右两侧各有丝带垂下	颈系项链，内为红色抹胸，穿红色曳地长裙；着窄袖短襦，上身套开领半臂红色长衫；胸前系双环节绦带，飘垂身下	被裙遮住
	琵琶伎	头梳抱面高髻，戴花三朵，插红色梳	颈饰三周项链，内为红色抹胸，穿红色曳地长裙；外套开领广袖红色长衫；腰饰双环节绦带，背部也有绦带下垂	被裙遮住
	大鼓伎	头梳抱面高髻，戴花三朵，高髻根部扎丝带	颈系项链，内为红色抹胸，穿红色曳地长裙；着窄袖短襦，上身套开领半臂红色长衫；胸前系双环节绦带，飘垂身下	被裙遮住
	横笛伎	头梳抱面高髻，戴花三朵，高髻用丝缘扎挽，缘带从左右两边自然垂下	内为抹胸，穿曳地长裙，外着红色开领广袖长衫，衫上饰团花，腰部可能系绦带，可见其自然垂下	被裙遮住
	小笙篥伎	头梳抱面高髻，插花三朵，髻上扎红色绢带	内为红色抹胸，穿红色曳地长裙，外着红色开领广袖长衫，衫上饰团花，腰系黑色双环绦带，飘垂身下	被裙遮住
	大笙篥伎	头梳抱面高髻，插花三朵，髻上扎红色绢带	颈上饰三周项圈，内为红色抹胸，穿红色曳地长裙，外着红色开领广袖长衫，衫上饰团花，腰系黑色双环绦带，飘垂身下	被裙遮住

续表

角色	人物	首服	服装	足服
西壁 女乐伎 （11人）	芦笙伎	头梳抱面高髻，戴花三朵，高髻上部残缺	内为红色抹胸，穿红色曳地长裙，外着红色开领广袖长衫，衫上饰团花，腰系黑色双环绦带，飘垂身下	被裙遮住
	排箫伎	头梳抱面高髻，插花三朵，髻上扎红色绢带	颈上饰三周项圈，内为红色抹胸，穿红色曳地长裙，外着红色开领广袖长衫，衫上饰团花，腰系黑色双环绦带，飘垂身下	被裙遮住

从表2-2中可以看出，男乐舞伎所着服饰大体相同，皆头戴幞头，但幞头形制多样，身着圆领宽袖袍衫，腰束带，足穿靴或履；女乐舞伎皆头梳抱面高髻，髻上插花，内着红色抹胸，穿红色曳地长裙，外着红色直领对襟长衫。其中2名花冠舞伎头饰造型独特，为高冠，下着裤，足穿靴，脚踏圆形花毡，服饰较为华丽，应该处于乐舞队伍的"核心"位置。另外，乐舞伎中出现了胡人和女着男装的形象。整体看来，五代冯晖墓乐舞伎服饰大体存有唐之遗风，但也有创新，主要是因为五代时期处于朝代更替频繁、新旧矛盾冲突不断、华夷文化交融的时代背景下，乐舞服饰在继承唐代形制的同时，也在重新建立新的审美趣味，首服幞头的革新、舞伎头饰的夸张造型、胡伎及女扮男装舞伎等的出现不仅是冯晖墓乐舞伎的新特色，而且也是当时乐舞伎的一种"时装"。

在整理五代时期墓主和冯晖身份相当、有乐舞图遗存且有一定影响力的墓葬考古资料时，发现前蜀王建墓、后梁王处直墓、陕西李茂贞夫妇墓中均有乐舞图，为了下文的深入研究，笔者对四座墓葬中的乐伎与舞伎人数以及性别进行了归纳分析，详见表2-3。

表2-3 五代时期与冯晖墓同等级墓葬中的乐舞伎归纳分析

墓葬名称（年代）	乐舞人数	竹竿子人数（性别）	舞伎人数（性别）	乐伎人数（性别）
四川前蜀王建墓（918）❶	24人	无	2人（女）	22人（女）
河北王处直墓（924）❷	15人	1人（女着男装）	2人（男）	12人（女）

---

❶ 冯汉骥. 前蜀王建墓发掘报告［M］. 北京：文物出版社，2022：28-36.

❷ 河北省文物研究所，保定市文物管理处. 五代王处直墓［M］. 北京：文物出版社，1998：38-40.

墓葬名称（年代）	乐舞人数	竹竿子人数（性别）	舞伎人数（性别）	乐伎人数（性别）
陕西李茂贞夫妇墓（924、943）❶	18人	2人（男）	2人（1男、1人头部残缺）	14人（7男、7人头部残缺）
陕西冯晖墓（958）	30人	2人（1男、1女着男装）	2名花冠舞伎（男）、2名胡人舞伎（男）、2名女着男装舞伎	22人（11男、11女）

二、冯晖墓乐舞雕砖中的舞伎服饰

由前文图像可知，冯晖墓雕砖乐舞图中舞伎共6人，分别为东、西壁扮演领舞的花冠舞伎各1人，伴舞伎各2人。由于篇幅所限，在此只讨论舞伎中特征鲜明的花冠舞伎、胡人舞伎和女着男装舞伎的服饰。

1. 花冠舞伎服饰

冯晖墓乐舞雕砖图像中东、西壁的2名花冠舞伎分别立于一圆形花毯上，所着服饰基本相同，均头戴尖状高冠，冠侧装饰圆珠，冠额两侧飘带下垂于胸前，身着红色团花圆领长袖袍服，胯部开衩，门襟有边饰，腰束黑带，舞袖较长。花冠舞伎服饰整体带有明显的西域胡风色彩，但吸引笔者注意的是花冠舞伎头上所戴的独特高冠，与其他4名舞伎所戴明显不同，这是否与其表演的舞蹈种类有关？多位学者认为冯晖墓中的花冠舞伎表演的舞蹈为柘枝舞，如周伟洲在《五代冯晖墓出土文物考释》一文中认为，"花冠舞伎所舞的是唐代中晚期最为流行的柘枝舞，后发展为宋代'队舞'中的'花心'"❷。冯双白等人在《图说中国舞蹈史》中写道："柘枝舞传入中原后逐渐发生变化，由民族风格的单人舞到符合中原审美习惯的双人舞，出现了表现风格不同，由'健舞'《柘枝舞》到软舞《屈柘枝》，用二女童，帽施金铃，抃转有声。"❸贾嫚认为，"冯晖墓彩绘砖雕乐舞图像表演的是柘枝舞，也是正处于'柘枝'发展的第二阶段"❹。

有唐一代，西域传来的舞蹈成为唐代宫廷宴饮中必不可少的节目。此后，西域舞蹈在

---

❶ 宝鸡市考古研究所. 五代李茂贞夫妇墓［M］. 北京：科学出版社，2008：54-62.
❷ 周伟洲. 五代冯晖墓出土文物考释［J］. 中华文史论丛，2012（2）：201-230.
❸ 冯双白，王宁宁，刘晓真，等. 图说中国舞蹈史［M］. 杭州：浙江教育出版社，2001：120.
❹ 贾嫚. "柘枝"从唐到宋之迭嬗——冯晖墓彩绘砖雕花冠舞伎考［J］. 文艺研究，2013（8）：61-67.

长期的发展中逐渐汉化，并由单人舞演变为双人舞，西域舞伎在表演时佩戴特色鲜明且上面缀有金铃的胡帽，舞动起来发出清脆动听的声音。西域胡人舞伎所戴的这种胡帽被时人称为"云珠帽"[1]。对此，向达在《唐代长安与西域文明》一书中说："（胡腾）舞人率戴胡帽，着窄袖胡衫。帽缀以珠，以便舞时闪烁生光"[2]。那么与"胡腾舞"同样出自西域石国的"柘枝舞"的舞伎的首服也应该是此种缀珠的胡帽，并且柘枝舞舞伎在表演时一般头上"戴一红物，体长而头尖，俨如角形"[3]，这种红色形如角状的尖头首服与冯晖墓图像中的花冠舞伎所戴尖顶角状并缀饰珠的首服胡帽的形制相同。另外，从舞者服饰的角度分析，也可以说明花冠舞伎表演的是柘枝舞。唐诗中有许多关于柘枝舞的记载，如唐张祜《观杨瑗柘枝》云："促叠蛮鼍引柘枝，卷帘虚帽带交垂。"[4] 王建《宫词》云："未戴柘枝花帽子，两行宫监在帘前。"[5] 从唐诗的描写中可以看见，柘枝舞舞伎头戴尖顶角状的胡帽已经成为辨别"柘枝舞"的重要标志之一。

五代时期处于承唐启宋的重要阶段，柘枝舞舞伎除了头饰云珠帽外，也穿有专门的舞衣，如"金丝蹙雾红衫薄，银蔓垂花紫带长"[6]，又如"五色绣罗宽袍，戴胡帽，系银带"[7]。柘枝舞舞伎所穿的袍衫颜色丰富，腰系长带，飘于身前，美艳动人。

将现存于西安碑林博物馆的唐兴福寺残碑石刻中的柘枝舞舞伎（图2-19）、成都后蜀赵廷隐墓出土柘枝花冠舞俑（图2-20）与冯晖墓柘枝花冠舞伎（图2-21）所着服饰对比可发现，五代时期花冠舞伎头戴云冠帽，身着圆领缺胯袍衫，脚踏形似莲花的圆毯，与唐代舞伎服饰相比，花冠造型有所增大，衣袖加宽，舞伎服饰变化特征较为明显，既有西域特色，又有汉风儒韵。这种现象的出现应是五代时期胡汉文化长期融合的结果，也是安史之乱后五代服饰逐渐转向汉族褒衣

图2-19 唐兴福寺残碑石刻中的柘枝舞舞伎

---

❶ 尚衍斌. 唐代西域服饰考略[J]. 新疆大学学报（哲学社会科学版），1989，17（1）：20-29.
❷ 向达. 唐代长安与西域文明[M]. 石家庄：河北教育出版社，2007：66.
❸ 乾隆官修. 续通典[M]. 2版. 杭州：浙江古籍出版社，2000：1678.
❹ 彭定求. 全唐诗[M]. 北京：中华书局，1960：5827.
❺ 王建. 王建诗集校注[M]. 尹占华，校注. 成都：巴蜀书社，2006：524.
❻ 彭定求. 全唐诗[M]. 北京：中华书局，1960：5827.
❼ 脱脱. 宋史[M]. 北京：中华书局，2000：2240.

图2-20 赵廷隐墓出土花冠女俑

图2-21 冯晖墓出土花冠舞伎

大袖的传统形制的结果，以及舞伎服饰向"裾似飞燕，袖如回雪"[1]"纤长袖而屡舞，蹁跹跹以裔裔"[2]审美风尚转变的结果。

2.胡人舞伎和女着男装舞伎服饰

冯晖墓中的伴舞伎形象为西壁两个眉目清秀女着男装的舞伎和东壁两个浓眉、深目、满脸络腮胡子的胡人舞伎。从表2-3中可知，与冯晖身份相当并有乐舞图且有影响力的墓葬有四川前蜀王建墓、河北王处直墓与陕西李茂贞夫妇墓，这些墓葬中少有女着男装者，也没有花冠舞伎，更没有胡人舞伎。因此，冯晖墓中特有的舞伎服饰更加值得关注。

南北朝时期的统治者大部分来自少数民族，自此之后，中原汉族文化受胡文化影响深远，胡风、胡服、胡妆一时成为中原汉族文化的主流，出现"夷音华乐相参错，胡族腥膻满长安"[3]的现象，胡风在盛唐时期达到极盛。但在冯晖墓雕砖中出现的胡人舞伎（图2-22）在五代却很少见，即使在乐舞繁盛的唐代，也只在苏思勖墓出土的乐舞图壁画中能看到胡人乐者和舞者的形象（图2-23）。[4]

表2-3中对同一时期的四川前蜀王建墓、河北王处直墓和陕西李茂贞夫妇墓等典型的乐舞伎进行了横向比较，均没有发现胡人舞伎，那么冯晖墓舞伎图像在此出现绝非偶然，笔者推测这种现象的出现与冯辉所处的地理环境及生活经历有关。冯晖在西北地区任朔方

---

[1] 欧阳询.艺文类聚［M］.汪绍楹，校.北京：中华书局，1965：770.

[2] 王海燕，尚晓阳.历代赋选［M］.海口：南海出版公司，2007：204.

[3] 贾嫚.承唐启宋的五代燕乐——以冯晖墓乐舞图像为例［J］.西北大学学报（哲学社会科学版），2015，45（6）：35-45.

[4] 陕西考古所唐墓工作组.西安东郊唐苏思勖墓清理简报［J］.考古，1960（1）：30-36，6，11.

图2-22　冯晖墓雕砖中的胡人舞伎

图2-23　唐代苏思勖墓出
土胡人舞伎局部

军节度使十余载，他在周边地区的影响力颇大，《新五代史》中对此有相关记载，"晖至灵武，抚绥边部，凡十余年，恩信大著"[1]。西北地区自古以来就是少数民族的聚集之地，胡风大盛，并且冯晖在这十余年间与胡人关系密切，《旧五代史》中记载他曾有"麻胡"之"强暴之名"，"朝廷以晖强暴之名闻于退徽，故以命之"[2]。如此来看，与其他人相比，冯晖更容易接触到西北少数民族的风尚，自然会得流行风气之先，并更多地受到异域文化的陶染，在其墓中发现胡人舞伎图像也就可以理解了，基本还原了墓主生前的生活风貌。宋沈括《梦溪笔谈》卷一"中国衣冠用胡服"条记载："中国衣冠，自北齐以来乃全用胡服。窄袖、绯绿短衣，长勒靴，有蹀躞带，皆胡服也。"[3]盛唐的胡服经过五代胡汉融合的洗礼，窄袖短衣、蹀躞带等颇具胡装特点的服饰逐渐淡化，而此墓中胡人舞伎头戴黑色软脚幞头，身穿圆领缺胯袍衫，束腰带，足着长靴，明显受到汉族服饰文化的影响。

另外，西壁两个眉目清秀身着圆领缺胯长袍，束腰带，足蹬乌靴的女着男装的舞伎，一手扬起作拈花状，一手甩袖于身侧，两腿微屈，一足腾空抬起，一足伫立着地，舞姿优美（图2-24）。[4]女着男装在唐代日常生活中普遍存在，《新唐书》中记载了宫廷内宴时，太平公主在高宗和武后面前表演歌舞的场景。[5]由于宫廷中的教坊和梨园辖下的宫女服务

❶ 欧阳修. 新五代史［M］. 徐无党，注. 北京：中华书局，2000：364.
❷ 薛居正. 旧五代史［M］. 北京：中华书局，2000：1147.
❸ 沈括. 梦溪笔谈［M］. 金良年，校点. 济南：齐鲁书社，2007：3.
❹ 咸阳市文物考古研究所. 五代冯晖墓［M］. 重庆：重庆出版社，2001：19.
❺ 欧阳修，宋祁. 新唐书［M］. 北京：中华书局，2000：581.

于皇室和后妃的日常生活及娱乐需要，那么这种女着男装的风气一定程度上会对宫廷中的表演服饰产生影响，正所谓"上有所好，下必效焉"。此外，开元以后，此种风气传入民间。到了中、晚唐时期，女着男装已经成为司空见惯的事情。[1]可以看出，唐代女着男装、女学胡装已较为普遍，且墓葬中也存在女着男装穿胡服的乐舞图像，如唐李宪墓出土舞伎[2]、李爽墓出土乐伎[3]服饰都具有浓厚的西域风格。冯晖墓中的女着男装舞伎应是对唐代这种时尚之风的继承，这种风气延续到宋代，《打花鼓》杂剧

图2-24 冯晖墓雕砖中的女着男装舞伎

表演的绢画中也出现了女着男装的现象[4]，但是相比唐代而言，舞伎服饰胡风已逐渐淡去，五代舞伎服饰更加贴近日常生活服饰。

　　唐代这种开放的社会风气虽然持续到五代、北宋时期，但是除了五代冯晖墓中出现女着男装的舞伎，同时期的其余几个墓中均未发现，这足以说明冯晖墓的特殊性，胡人舞伎以及女着男装现象的出现，绝非偶然，墓葬反映了墓主生前所处的环境，因此冯晖本人应该是很喜欢胡舞的，也是对这种自唐而下的社会风俗的继承。同时也能看出冯晖的极度奢华享乐的形象，极力追求唐代宫廷帝王乐舞标准，女着男装之遗风、乐舞伎人数、乐队的配置等都已经超过作为一个地方节度使的礼遇，明显有"僭越"之嫌，这有可能是五代其他几个墓室没有出现这种现象的原因。到了宋代，商品经济发达，才出现了大量女着男装乐舞伎演出的现象[5]。

　　综上所述，冯晖墓舞伎服饰必然保留了一些唐代的乐舞风韵。花冠舞伎服饰不仅反映了五代胡汉融合的结果，也折射出五代乐舞服饰的时尚审美。另外，墓葬图像中出现了胡

[1] 刘昫. 旧唐书[M]. 北京：中华书局，2000：1331.
[2] 陕西省考古研究所. 唐李宪墓发掘报告[M]. 北京：科学出版社，2005：56.
[3] 陕西省文物管理委员会. 西安羊头镇唐李爽墓的发掘[J]. 文物，1959（3）：43-53.
[4] 张彬.《打花鼓》绢画中的人物服饰研究[J]. 装饰，2018（3）：72-75.
[5] 张彬. 宋代戏剧服饰与时尚——以"四方宋代铭文杂剧砖雕"为例[J]. 艺术设计研究，2018（4）：56-60，69-70.

人舞伎、女着男装舞伎的现象，也绝非偶然，其与墓主的身份有关，是其对唐代这一特殊时尚之风的追捧。

三、冯晖墓乐舞雕砖中的乐伎服饰

冯晖墓乐舞雕砖图像中东、西壁第一人均手持竹竿子，一男一女各1人，分别站在各支队伍的最前面，其后男、女两队乐伎各11人，人物服饰特色鲜明。

1.竹竿子服饰

东壁第一人头戴黑色翘脚幞头，身穿圆领宽袖长袍，袍呈赤红色，腰系白色细带，足穿靴，侧身站立，双手于胸前执一竹竿。西壁第一人女着男装，头戴黑色朝天幞头簪花，身穿圆领宽袖长袍，袍身饰红色竖条，腰系带，足穿靴，双手于胸前执一竹竿。"竹竿子"一词最早出现在宋人的文献记载中，如《东京梦华录》中记载，"参军色执竹竿子作语，勾小儿队舞……参军色做语问小儿班首近前，进口号。杂剧……装其似像，市语谓之'拽串'。杂戏毕，参军色作语，放小儿队"[1]。王国维认为，"宋代演剧时，参军色手执竹竿子以句之，亦如唐代协律郎之举麾乐作，偃麾乐止相似，故参军色亦谓之竹竿子"[2]。这说明在宋代乐舞、杂剧表演中参军角色手持竹竿子负责指挥，相当于唐代乐舞中的"致辞人"。《旧唐书》记载："若大祭祀飨宴奏于廷，则升堂执麾以为之节制，举麾工鼓柷而后乐作，偃麾戛敔而后止。"[3] "麾"[4]是唐代致辞人手中所执之物，此时还没有出现"竹竿子"的说法，推测其最早出现于五代时期。

对比表2-3中列举的墓葬乐舞伎发现，除四川前蜀王建墓[5]没有"竹竿子"以外，其余几个墓中都有。黄剑波认为，"冯晖墓出现的竹竿子为我们首次提供了'竹竿子'，具体至此，终于窥见了宋代以前出现的'竹竿子'图像。通过此图像可以判断，'竹竿子'形象在五代十国时期就已经出现"[6]。笔者认为其观点有误，其实在唐代韩休墓壁画中就已经出现了头戴黑色幞头，身着圆领袍衫，手持竹竿子的"致辞人"（图2-25）。"竹竿子"应初见于唐代，五代较为普遍，到宋代竹竿子已出现在多种场合，成为宴乐

---

❶ 孟元老. 东京梦华录［M］. 王永宽，注译. 郑州：中州古籍出版社，2010：164.

❷ 王国维. 宋元戏曲史［M］. 北京：研究出版社，2017：70.

❸ 刘昫. 旧唐书［M］. 北京：中华书局，2000：1277.

❹ "麾"由棉麻织物制成，为竹竿子前身。

❺ 冯汉骥. 前蜀王建墓发掘报告［M］. 北京：文物出版社，2002：34-36.

❻ 黄剑波. 五代十国壁画研究——以墓室壁画为观察中心［D］. 上海：上海大学，2015：304-305.

表演中极为重要的"勾队"和"放队"的角色。

在观察冯晖墓中"竹竿子"（图2-26）的指挥者服饰时，将其与陕西省西安市出土的唐代韩休墓壁画《乐舞图》中的"致辞人"❶与山西省高平市二仙奶奶庙宋代杂剧线刻"竹竿子"（图2-27）对比后，有了新的发现。竹竿子身穿圆领宽袖长袍，从唐代到五代再至宋代，其袍服形制基本没有改变，虽然冯晖墓中的竹竿子与宋代竹竿子所着袍服颜色基本一致，但所着幞头的形制却相差甚远。唐代竹竿子头戴软脚幞头，图2-26中左侧的竹竿子头戴五代流行的翘脚幞头，宋代竹竿子头戴平直的展脚幞头。不得不说，这也为唐宋幞头形制的转变提供了很好的图像证明。右侧竹竿子头戴翘脚幞头簪花，受五代时期影响的辽墓中也发现了乐伎头戴幞头簪花的现象，如河北省张家口市宣化区下八里7号张文藻墓《散乐图》中的乐伎均头戴幞头，幞头上均簪花。❷可以说明宋代出现的簪花幞头，其实在唐末已经初见，经过五代的发展，在宋代才能普遍流行。从这个角度来看，竹竿子的幞头变化，使宋代展脚幞头、簪花幞头找到了来源。

图2-25　唐韩休墓壁画中的致辞人

图2-26　冯晖墓雕砖上的"竹竿子"

图2-27　山西省高平市二仙奶奶庙杂剧线刻"竹竿子"

❶ 程旭. 长安地区新发现的唐墓壁画［J］. 文物，2014（12）：64-80，1.

❷ 徐光冀. 中国出土壁画全集-1-河北［M］. 北京：科学出版社，2012：140.

2.男乐伎服饰

通过笔者对冯晖墓男乐伎首服幞头的整理（表2-4）可知，冯晖墓中的男乐伎首服幞头在唐代首服幞头的基础上出现了多种新的样式，如软脚、硬脚和朝天幞头等，且幞头顶部明显垫高，具有鲜明的时代特征。

表2-4　冯晖墓中男乐伎幞头形制与样式

幞头类型	幞头形制	幞头样式
软脚幞头	衬巾	圆顶翘脚
		圆顶长脚
		圆顶朝天
硬脚幞头	圆顶短脚	

续表

幞头类型	幞头形制	幞头样式
硬脚幞头	方顶翘脚	
	方顶曲脚	
	圆顶簪花幞头	

首服幞头最早出现在北周，完善于隋，盛行于唐，变化于五代。[1]隋代裹幞头的方法是将二带系脑后打结自然下垂，其余二带反系头上，被称为"软脚幞头"。唐人为了方便，创制出"硬脚幞头"，如宋赵彦卫《云麓漫钞》中记载，"唐末丧乱，宫娥宦官皆用木

---

[1] 孙机. 中国古典服论丛[M]. 北京：文物出版社，1993：164.

围，以纸绢为衬，用铜铁为骨，就其制成而戴之"❶。由此可知，软脚幞头到硬脚幞头的转变，虽然在唐末已经形成，但谈及唐宋时期幞头的变化，总要经过五代时期，且五代时期的幞头又发生较大变化，在唐代硬裹幞头的基础上，幞头的材质以漆纱替代之前的帕巾，出现了"漆纱幞头"，实际上成为一种幞头帽子，一时成为流行风尚。墓葬时间比冯晖墓时间早些的河北王处直墓的壁画中（图2-28），已经发现绘有这种漆纱的幞头了。此时，幞头的形制也发生了改变，主要集中在幞头脚上，冯晖墓中的硬脚幞头有曲脚、翘脚、短脚等多种样式，与五代曹义金像中刻画的幞头形制相似，可见此时幞头脚已逐渐向两旁伸展开来。宋赵彦卫《云麓漫钞》记载："五代帝王多裹朝天幞头，二脚上翘。四方僭位之主，各创新样，或翘上而反折于下，或如团扇蕉叶之状，合抱于前。伪孟蜀始以漆纱为之，湖南马希范二角左右长尺余，谓之龙角，人或误触之，则终日头痛。至刘汉高祖始仕晋为并州衙校，裹幞头，左右长尺余，横直之，不复上翘，迄今不改。国初时，脚不甚长，巾子势颇向前，今两脚加长，而巾势反仰向后矣。"❷由此可见，五代时期的幞头形制出现了诸多新的样式。

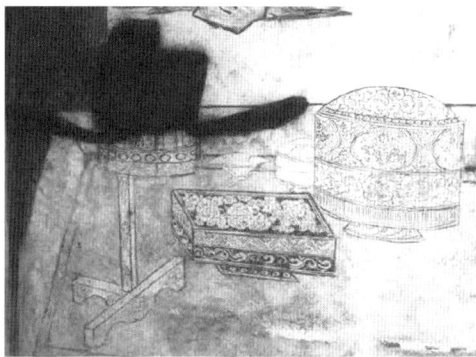

图2-28　河北王处直墓壁画中的硬脚幞头

综上，朝代更替频繁的五代，幞头的各种创新样式也象征着地方势力僭越程度的加深。朝天幞头是五代时期最具特色男性首服之一，不仅冯晖墓中存在，在王处直墓❸、李茂贞夫妇墓中均出现头戴此种幞头的人物形象。正如周锡保在《中国古代服饰史》中总结五代服饰时所说，"五代官服上承唐制，在五十多年中尤其以幞头巾子一物变化较为显著"❹。这种现象在五代时期乐伎首服中也表现得相当明显。

冯晖墓中的男乐伎，除了击系腰鼓者为了击鼓便利，需要身着红色束袖左衽袍服，腰

---

❶《云麓漫钞》卷三记载："幞头之制，本曰巾，古亦曰折，以三尺皂绢，向后裹发……周武帝遂裁出四脚，名曰幞头，逐日就头裹之，又名折上巾。唐马周请以罗代绢……隋大业十年吏部尚书牛宏上疏曰：'裹头者，内宜着巾子，以桐木为内，外黑漆。'唐武德中，尚平头小样者。证圣二年则天临朝，以丝葛为之，以赐百官，呼为'武家样'……明皇开元十四年，赐臣下内样巾子，圆其头是也。"赵彦卫. 云麓漫钞［M］. 傅根清，点校. 北京：中华书局，1996：39.

❷ 赵彦卫. 云麓漫钞［M］. 傅根清，点校. 北京：中华书局，1996：39-40.

❸ 杨泓. 河北五代王处直墓绘彩浮雕女乐图［J］. 收藏家，1998（1）：4-5.

❹ 周锡保. 中国古代服饰史［M］. 北京：中国戏剧出版社，1991：243.

裹红色宽幅巾带外，其余10名男乐伎服饰形制均以圆领大袖袍衫，腰束带，外加衬领为主。以冯晖墓弹"箜篌"乐伎（图2-29）为例，其与五代顾闳中《韩熙载夜宴图》（图2-30）中的男子服饰及五代曹义金像刻画服饰接近（图2-31），均为头戴幞头，身着圆领大袖袍衫，腰束带的形象。圆领袍衫外加衬领是五代时期男子服饰有别于其他朝代的显著特色之一。也是基于此，沈从文先生推测《文苑图》为五代十国时期的作品，因为唐代圆领袍衫均无衬领。❶另外，后蜀赵廷隐墓（图2-32）中出土的吹笛男乐伎俑也身着圆领袍衫，领口露出白色衬领。由此，我们基本上可以判定冯晖墓中的男乐伎服饰源于五代日常生活服饰。这种圆领袍衫来自唐代，但圆领袍衫加衬领的形式成为五代服饰的特色，也进一步成为宋代服饰领部装饰之滥觞。

图2-29 冯晖墓箜篌乐伎雕砖

图2-30 《韩熙载夜宴图》局部

图2-31 五代曹义金像白描

图2-32 赵廷隐墓中出土的吹笛男乐伎俑

3.女乐伎服饰

据记载，"冯晖墓女乐伎脸颊丰腴，额头宽广，梳抱面高髻，簪花三朵，或发髻插簪，或插红梳，额头点红，交领长裙，开口很低"❷，女乐伎服饰整体继承了部分晚唐女子的服

---

❶ 沈从文. 中国古代服饰研究［M］. 北京：商务印书馆，2011：408.
❷ 咸阳市文物考古研究所. 五代冯晖墓［M］. 重庆：重庆出版社，2001：22-34.

饰形制，但也出现了一些新的变化。

女乐伎发饰均梳高髻并簪花，这一风气从盛唐流行到北宋。"高髻"是各类梳挽在头顶的发髻的统称❶，早在山东临淄郎家庄1号墓出土的战国时期妇女陶俑中就已经出现❷，至晚唐依旧很是流行❸。晚唐社会局势动荡不安，割据政权大量出现，上层统治阶级群体逐渐增加，导致奢侈之风更加盛行，妇女所梳高髻日渐增高，满头珠翠更是无比华丽，唐代诸多视觉图像中的妇女均梳这种华丽的高髻，这种高髻对后世的女子发型产生了重要的影响。五代时期，妇女崇尚高髻的风气依然流行，如《南唐书》卷十六记载，"后主昭惠国后周氏，小名娥皇，司徒宗之女，十九岁来归通书史，善歌舞……后主嗣位，立为后，宠嬖专房，创为高髻纤裳及首翘鬓朵之妆，人皆效之"❹。《宋史》记载："建隆初，蜀孟昶末年，妇女竞治发为高髻，号'朝天髻'。未几，昶入朝京师。江南李煜末年……宫妃系前后掩裙而长窣地，名'赶上裙'；梳高髻于顶，曰'不走落'。"❺南唐后主李煜的大周皇后也喜欢创造高髻新样式，并且在五代王处直墓❻、王建墓❼等乐伎人物中也均发现与冯晖墓女乐伎相似的高髻，但头梳高髻并簪花的现象却不多见，这是冯晖墓女乐伎发髻的特殊之处。不过仔细观察唐周昉《簪花仕女图》和五代周文矩《宫中图》，其中均可见高髻簪花的形象，说明唐至五代时期妇女头梳高髻簪花在日常生活中已经普遍存在，发展到宋代，宋人无论贵贱皆喜欢簪花❽。这种流行风尚应该是五代为其培育了好的"土壤"，在五代这一政局动荡的特殊时期，"僭越"的现象大量存在，人们为了追求自我个性，紧跟流行时尚，而女乐伎夸张的高髻簪花的样式正迎合了当时割据霸主的独特审美。

另外，笔者注意到冯晖墓中女乐伎内着红色抹胸与红色曳地长裙，外着红色开领广袖长衫，腰系双环绦带的形象，这种着装样式其实始于晚唐时期。唐代女子服饰形制由初唐时的窄袖短襦加下系高腰长裙，到盛唐时的宽大拖地的襦裙加帔帛，再到唐末乃至五代，这种肥大款式依然流行。❾但这期间也出现了新的变化，安阳市殷都区刘家庄发现了

---

❶ 高春明. 中国服饰名物考［M］. 上海：上海文化出版社，2001：30.

❷ 山东省博物馆. 临淄郎家庄一号东周殉人墓［J］. 考古学报，1977（1）：73-104，179-196.

❸《新唐书》卷九十七记载："俗尚高髻，宫中所化也。"欧阳修，宋祁. 新唐书［M］. 北京：中华书局，2000：3117.

❹ 马令. 南唐书［M］. 北京：中华书局，1985：335.

❺ 脱脱. 宋史［M］. 北京：中华书局，2000：966.

❻ 河北省文物研究所，保定市文物管理处. 五代王处直墓［M］. 北京：文物出版社，1998：48-57.

❼ 冯汉骥. 前蜀王建墓发掘报告［M］. 北京：文物出版社，2002：34-36.

❽ 张彬. 宋代戏剧服饰与时尚——以"四方宋代铭文杂剧砖雕"为例［J］. 艺术设计研究，2018（4）：56-60，69-70.

❾ 孙机. 唐代妇女的服装与化妆［J］. 文物，1984（4）：57-69.

晚唐的两座画墓，其中，M68甬道东壁的托盘侍女头梳高髻，身着对襟大袖襦衫，长裙拖地，内穿抹胸，颇具有端庄优雅之美。另外，甬道东壁的披帛侍女，头梳抛家髻，内着抹胸、高腰襦裙，外罩一件红色对襟大袖衫，白底红团花帔帛绕肩而下，尽显雍容华贵之态（图2-33）。❶这与周昉《簪花仕女图》（图2-34）中贵妇内穿抹胸，外穿对襟直领广袖罗纱衣，衣前大腿处系结的服饰形制相似。由此可知，晚唐时期也应存在外着广袖长衫、内穿抹胸的现象。另外，对比五代时期其他几个墓葬女乐伎服饰（表2-3），发现除了王处直墓的女乐伎为交领短襦外，其余墓中女乐伎均外着广袖长衫，这也说明五代时期女乐伎内穿抹胸、外穿对襟广袖长衫的现象较为普遍。这种服饰的是宋代褙子的雏形，有系带子或不系带的穿法，如在宋程大昌《演繁露》中记载，"今世好古而存旧者，缝两带，缀褙子，披下垂而不用，盖放中单之交带也"❷。

图2-33　安阳市殷都区晚唐画墓的托盘侍女与披帛侍女　　　图2-34　《簪花仕女图》局部

女乐伎内穿抹胸、外穿对襟广袖长衫的服饰样式承唐启宋，源于五代女子日常生活服饰，诸多五代时期的墓葬图像均可证明这一观点。例如，五代闽国刘华墓中出土的女俑（图2-35），"头梳高髻，身穿对襟广袖外衣，侧开衩，长巾绕背，袒胸，露抹胸"❸，江

---

❶ 申文喜. 晚唐魏博镇女性形象的考古学观察——以安阳晚唐墓壁画为例［J］. 文物春秋，2020（3）：64-72，78.

❷ 程大昌. 演繁露［M］. 北京：中华书局，1991：32.

❸ 福建省博物馆. 五代闽国刘华墓发掘报告［J］. 文物，1975（1）：62-73，78.

苏邗江蔡庄五代墓出土的女俑（图2-36）同样是"头梳高髻，身穿对襟广袖外衣，袒胸，露抹胸"[1]的形象。

综上可知，无论是冯晖墓中竹竿子头饰簪花幞头的出现，还是男乐伎幞头形制的多样化，或是女乐伎头梳发髻簪花，身着红色抹胸，红色曳地长裙，外着红色开领广袖长衫，腰系双环绦带的形象，这些服饰均源于五代日常生活服饰，如实地展现了五代日常生活服饰的绚烂多彩。这也进一步证实了笔者猜想的一点：由于五代政权更替频繁，新旧矛盾冲突不断，各地割据势力占地为王，安于享乐，进而新的审美趣味也悄然建立。

图2-35 五代闽国刘华墓出土女俑

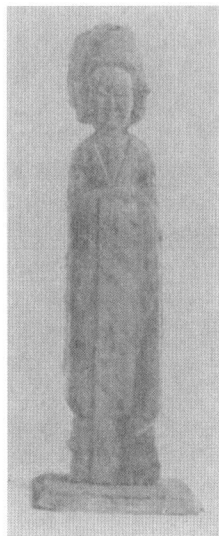

图2-36 江苏邗江蔡庄五代墓出土女俑

一个时代的审美趣味造就服饰款式和风格的多变，五代乐伎服饰就是一个很好的例子。

五代时期是承唐启宋的转折时期，历时虽然短暂，但其乐舞服饰在中国乐舞服饰史上具有独特的地位和重要性。冯晖是五代时期的重要人物，他的墓葬颇具代表性，冯晖墓雕砖乐舞图像的发现为拓宽丝路文化研究的视野提供了一个重要的契机，也为研究陕西地区五代时期的乐舞服饰文化提供了可靠的依据。在冯晖墓乐舞雕砖图像中，花冠舞伎、胡人舞伎及女着男装舞伎等人物的出现是五代乐舞图像的特色之一。乐舞伎服饰真实地再现了五代审美趣味下的乐舞文化和日常社会生活，凸显了胡汉融合的地域服饰特色，揭示了五代乐舞服饰是中国古代乐舞服饰中承唐启宋的重要桥梁。

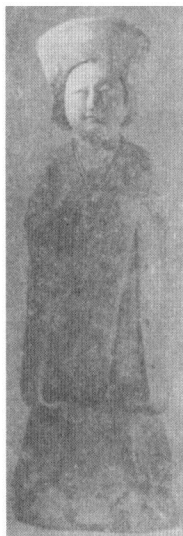

---

[1] 张亚生，徐良玉，古建. 江苏邗江蔡庄五代墓清理简报［J］. 文物，1980（8）：41-51，101-102.

第三章

传统服饰与社会研究

第一节

从《张协状元》看宋人服饰与人物形象塑造

《张协状元》是现存第一部宋代南戏演出的完整剧本，其中大量的服饰描写，不仅呈现了南戏艺人演出时的服饰穿戴状况，而且映射出当时的社会风气。剧本中角色的服饰穿戴源于南宋人日常生活中的服饰，进而又塑造了表演中的人物形象。

南宋温州九山书会编撰的《张协状元》是目前留存下来的唯一一部完整的宋代南戏剧本，被称为戏剧艺术的"活化石"，这一"活化石"也得到了戏剧研究专家的高度评价。钱南扬先生称赞《张协状元》道："它是时代最早，盖是戏文初期的作品，正是业余演员的全盛时期。"❶胡雪冈先生说："宋代永嘉（今浙江温州市）九山书会编撰的《张协状元》戏文，是现存最早南戏剧本；也是传世中国戏曲剧本祖始之作，它的价值和意义，为学术界所公认。"❷从文学角度研究《张协状元》的论文著述已经洋洋大观，但从物质文化的角度研究《张协状元》的却寥寥无几。

《张协状元》再现了中国历史上第一个关于宋代南戏的写实长卷，可以通过剧本中角色的服饰窥探南宋人生活中的细枝末节，形成对南宋温州科举、戏剧表演艺术、宋人日常生活穿戴以及民俗风气等的整体印象。就《张协状元》中角色的服饰描写材料而言，内容相当丰富，对这些服饰材料的研究，目前学术界鲜有关注。本节试图通过研究《张协状元》中的角色服饰来探讨宋人服饰与社会环境，如角色服饰与南宋温州科举，角色服饰与南戏演出中的人物形象塑造，以及角色服饰与宋人日常生活服饰的关系等。

---

❶ 钱南扬. 永乐大典戏文三种校注［M］. 北京：中华书局，1979：1.

❷ 九山书会. 张协状元校释［M］. 胡雪冈，校释. 上海：上海社会科学院出版社，2006：1.

一、角色服饰与南宋温州科举❶

在中国古代士人的思想观念中，"万般皆下品，唯有读书高"❷。历宋之世，由于统治者制定了"重文抑武"的政策，以及对文人士大夫的重视和科举规模的逐年扩大等原因，促使此种风气更加盛行。这种现象出现的原因主要是"士大夫是心甘情愿的下属，没有独立的权力，依赖于至高的权威来获得政治地位，而且他们是出于对文官文化的追求来履行职责，这对于中央权威的制度化，其价值之大，无法估量……利用士大夫来统治，是皇室希望利用有能力却没有权力基础的人的一个例证。正像过去的经验所表明，武将有用，但有潜在的危险……在所有的政治成员中，他们的利益最接近皇帝的利益：两者都相信他们将通过中央集权获益。"❸在宋人眼中，登科及第有五种荣耀，即"两观天颜，一荣也；胪传天陛，二荣也；御宴赐花，都人叹美，三荣也；布衣而入，绿袍而出，四荣也；亲老有喜，足慰倚门之望，五荣也"❹。其中，"布衣而入，绿袍而出"打破了魏晋南北朝、隋唐以来名门望族对选举、科举的垄断局面，参加科举考试也成为普通百姓获得此等荣耀的最合法也是最便捷的方式。直到宋朝王安石所处的时代，"上品无寒门，下品无世族"❺，这种现象得以改变，多少也变为有利于庶民。宋代科举制度完全确立后，通过"科目与考试内容"的变化以及采取"糊名"❻"誊录"❼等新的防弊措施，进一步完善制度。从太平兴国二年（公元977年）开始，宋代皇帝不断扩大科举考试规模，这在中国历史上是前所未有的，从而使大量寒门学子可以通过科举考试走上仕途，"满朝朱紫贵，尽是读书人"❽无疑是当时社会的真实写照。同样地，"布衣而入，绿袍而出"也是《张协状元》中对张协发迹前后服饰变化描写的主要线索，这一线索贯穿于剧本的始终。

如果我们忽略《张协状元》中的内容，单纯从剧本的名字剖析，可以很容易地看出《张协状元》的主线即张协考取状元的故事。剧本中的张协原本是成都的富家子弟，在他出场时，对其服饰的描写为"头裹高筒巾，身穿白襕，脚着皮靴"❾，一副宋代文人发迹前

---

❶《张协状元》由南宋温州九山书会的才人们所编，剧本中的内容以温州地区为主，所以笔者所讨论的内容仅为南宋温州科举。

❷ 汪洙. 神童诗［M］. 王不语，余竹，译注. 长春：吉林文史出版社，1994：1.

❸ 包弼德. 斯文：唐宋思想的转型［M］. 刘宁，译. 南京：江苏人民出版社，2017：71-72.

❹ 刘一清. 钱塘遗事［M］. 上海：上海古籍出版社，1985：221.

❺ 胡抗美，柯美成. 中国古代用人智慧［M］. 北京：华夏出版社，2001：153.

❻ 李焘. 续资治通鉴长编1［M］. 上海，上海古籍出版社，1985：282.

❼ 脱脱. 宋史［M］. 北京：中华书局，2000：2414.

❽ 汪洙. 神童诗［M］. 王不语，余竹，译注. 长春：吉林文史出版社，1994：2.

❾ 九山书会. 张协状元校释［M］. 胡雪冈，校释. 上海：上海社会科学院出版社，2006：105.

的装扮。在进京赴考途中，对其服饰的描写为"草屦行缠"[1]"衣裳身上蓝缕"[2]，表现出他在赶路赴考途中的艰辛。在考中状元后，剧本中关于"绿袍"的服饰描写便大量出现，跌宕起伏的故事情节也依次逐渐展开。据笔者统计，《张协状元》中对张协服饰"绿袍"的描写共出现14处，详见表3-1，其中，"荷衣""绿衫""荷叶"指的均是"绿袍"。

表3-1　剧本《张协状元》中对张协服饰"绿袍"的描写[3]

剧本	出处	剧本中的记载
《张协状元》	第十二出	旦唱："看君家貌美，须有个荷衣着体。"
	第十九出	末白："那张解元还得个绿衫上身时，终不成忘了贫女。"
	第十九出	合唱："归古庙挂绿袍。"
	第二十一出	贴唱："朱紫骈骈，不若荷衣一状元。"
	第二十五出	外白："脱却白襕身挂绿。"
	第二十六出	旦唱："未知甚日挂绿袍？"
	第二十七出	生唱："张协受皇恩，乍着荷衣绿。"
	第二十七出	牛唱："张协托在洪福，今叨冒身挂绿。"
	第二十七出	丑白："才着绿衫，出东华门外，便是破荷叶。"
	第二十七出	外唱："脱白挂绿，苦不肯共成眷属。"
	第三十二出	贴唱："前遮后拥一少年，绿袍掩映桃花脸，把奴家只苦成抛闪。"
	第三十三出	末白："你郎今挂绿在京华。"
	第三十四出	生唱："绿袍乍着皇恩重，对答如流圣颜动。"
	第五十三出	丑白："试看荷衣貌愈佳。"

可见，剧本中对张协服饰"绿袍"的描写贯穿了戏剧情节发展的始终。同样地，在宋代南戏《王魁负桂英》中，王魁唱道："[前腔第二换头]做状元，挂绿袍，那时回转，何须苦苦长忆念？"[4]南戏《孟姜女送寒衣》中喜良筑城时和伙伴同唱："[正宫近词][划锹儿]咱每本是簪缨裔，官差来此苦寒地。儒身挂荷衣，勉随队里。"[5]还有许多南戏剧本

❶ 九山书会.张协状元校释[M].胡雪冈，校释.上海：上海社会科学院出版社，2006：37.
❷ 九山书会.张协状元校释[M].胡雪冈，校释.上海：上海社会科学院出版社，2006：62.
❸ 九山书会.张协状元校释[M].胡雪冈，校释.上海：上海社会科学院出版社，2006.
❹ 钱南扬.宋元戏文辑佚[M].北京：中华书局，2009：45.
❺ 钱南扬.宋元戏文辑佚[M].北京：中华书局，2009：101.

中也有对男主角的服饰"绿袍"的描写。这其实不是一种偶然现象，详细论述如下。

　　《张协状元》中的"绿袍"为何种服饰？"绿袍"是唐代舆服制度中，考中进士后朝廷例赐之衣。《旧唐书》记载："六品、七品服绿。"❶ 在《新唐书》中有同样的记载，"六品、七品服用绿，饰以银"❷。此外，在唐代的参军戏滑稽调笑的表演中，参军、苍鹘二人一般均是身着绿袍❸，扮演官员的角色。宋代继承了唐代品官的服饰制度，太平兴国七年（公元982年）正月九日，翰林学士承旨李昉言："准诏定车服制度，礼部式，三品以上服紫，五品以上服朱，七品以上服绿，九品以上服青，流外官及庶人并衣黄。"❹ 在《宋史》中也有相同的记载，"宋因唐制，三品以上服紫，五品以上服朱，七品以上服绿，九品以上服青"❺。在宋代画院所绘制的《大驾卤簿图书》（图3-1）中，我们也可以看到头戴展角幞头，身穿圆领大袖绿袍，腰束革带，足穿乌皮靴的宋代官员形象，官职为六品或七品。同时，宋代也继承了唐代对考中进士之人的赐衣制度，如宋王安石在《临津》一诗中所言，"却忆金明池上路，红裙争看绿衣郎"❻。宋王栐《燕翼诒谋录》卷一记载："国初，进士尚仍唐旧制……是岁锡宴，后五日癸酉，诏赐新进士并诸科人绿袍、靴、笏。"❼ 宋吴自牧《梦粱录》卷三"士人赴殿试唱名"条记载："伺候上御文德殿临轩唱名，进呈三魁试卷，天颜亲睹三魁……请入状元侍班处，更换所赐绿靴简。"❽

　　随着剧情的发展，此后剧本中又多次出现对张协"脱白挂绿"服饰的描写。"在宋代南戏表演中的'脱白挂绿'现象实际上是当时文人的一种生活理想，也是文

图3-1　《大驾卤簿图书》局部（一）

❶ 刘昫.旧唐书［M］.中华书局，2000：1328.
❷ 欧阳修，宋祁.新唐书［M］.北京：中华书局，2000：351.
❸ 张彬.国家博物馆藏唐代参军戏俑人物服饰研究［J］.装饰，2018（10）：86-89.
❹ 刘琳.宋会要辑稿［M］.上海：上海古籍出版社，2014：2255-2256.
❺ 脱脱.宋史［M］.北京：中华书局，2000：2381.
❻ 沈卓然.足本王安石全集［M］.上海：大东书局，1935：218.
❼ 王栐.燕翼诒谋录［M］.上海：上海古籍出版社，2007：4586.
❽ 吴自牧.梦粱录［M］.北京：中国商业出版社，1982：20.

人现实中发迹变泰命运的真实写照"[1]，可见"脱白挂绿"现象的背后具有深刻的历史意义。"白"实际上是指"白襕"，"绿"即指在上文中提到的"绿袍"，如宋晁补之在《鸡肋集》卷三十四中记载，"白袍举子，大裾长绅，杂出戎马介士之间，父老见而指以喜曰：'此曹出，天下太平矣'"[2]，"白袍举子"就是指应举士人穿着的是白色襕衫，这也是沿自唐代对还没有进入仕途的举子应穿着白袍的制度规定[3]。白襕为宋代文人未发迹时的常服，其在《宋史》中记载为"襕衫。以白细布为之，圆领大袖，下施横襕为裳，腰间有辟积。进士及国子生、州县生服之"[4]。太平兴国七年，翰林学士承旨李昉在详定士庶人的舆服制度时，也提到了举子应穿白襕，"近年品官绿袍及举子白襕下皆服紫色，亦请禁之"[5]。还有许多其他文献中对此也有记载，如宋洪迈《夷坚志》支乙卷四记载，"三岁大比，脱白挂绿，上可以为卿相"[6]，宋庞元英《文昌杂录》卷五记载，"令耇士泚等数人应进士举，取解别试，所衣白襕，一时新事也"[7]，宋王禹偁《寄砀山主簿朱九龄》诗中写道"利市襕衫抛白纻，风流名纸写红笺"[8]。

由此可见，宋朝重视科举，使大量寒士脱下了平民阶层的白襕，穿上了进士的绿袍，走上了仕途之路。正如宋赵彦卫在《云麓漫钞》卷七中所说，"本朝尚科举，显人魁士，皆出寒畯"[9]。韩国全北大学郑元祉教授表示，"包括张协在内的很多年轻人，可能都抱有应举考中状元的梦。确实，科举无论身份高低，只重个人的能力，因此，在一定程度上，它也确实消解了以出身和门阀为身份制约的封闭性政治体制的约束"[10]，这也进一步折射出南宋温州地区科举文化的兴盛发达。

宋朝建立之初，为了解决唐末、五代武人专权的积弊，太祖鼓励读书，他于建隆元年（公元960年）和三年（公元963年）两次访问国子监[11]。此外，据宋江少虞《宋朝事实类苑》

[1] 张蓓蓓. 彬彬衣风馨千秋：宋代汉族服饰研究［M］. 北京：北京大学出版社，2015：228.

[2] 晁补之. 济北晁先生鸡肋集［M］. 上海：上海书店，1989：3.

[3] 有唐一代，在举子还没有进入仕途时，都穿着白袍，如《唐音癸签》卷十八记载，"举子麻衣通刺，称乡贡"，"麻衣"即白衣。具体文献可参考：胡震亨. 唐音癸签［M］. 上海：古典文学出版社，1957：161.

[4] 脱脱. 宋史［M］. 北京：中华书局，2000：2392.

[5] 脱脱. 宋史［M］. 北京：中华书局，2000：2389.

[6] 朱易安，傅璇琮，周常林. 全宋笔记［M］. 郑州：大象出版社，2018：139.

[7] 庞元英. 文昌杂录［M］. 新1版. 北京：中华书局，1985：53.

[8] 刘以林主编，康桥选编. 王禹偁、范仲淹等作品选［M］. 呼和浩特：内蒙古人民出版社，2003：17.

[9] 赵彦卫. 云麓漫钞［M］. 傅根清，点校. 上海：古典文学出版社，1957：96.

[10] 郑元祉. 南戏《张协状元》——爱情与科举权力之间的变奏［J］. 科举学论丛，2018（2）：68-80.

[11] 范祖禹. 帝学［M］. 呼和浩特：远方出版社，2005：117.

卷一记载，"太祖将改年号，谓宰臣等曰：'须求古来未尝有者。'宰臣以乾德为请。三年正月平蜀，宫人有入掖庭者，太祖因阅奁具，得鉴，背字云：'乾德四年铸。'大惊曰：'安得四年铸此鉴？'以出示宰相，皆不能对，乃召学士陶谷、窦仪问之，仪曰：'蜀主曾有此号，鉴必蜀中所得。'太祖大喜曰：'作宰相须是读书人。'自是大重儒臣矣"❶，同书同卷又载，"太祖闻国子监集诸生讲书，喜，遣使赐之酒果，曰：'今之武臣，亦当使其读经书，欲其知为治之道也'"❷。宋初朝廷的这种政策，在《宋史》中的记载更加明确，"自古创业垂统之君，即其一时之好尚，而一代之规橅，可以豫知矣。艺祖革命，首用文史而夺武臣之权，宋之尚文，端本乎此。太宗、真宗其在藩邸，已有好学之名，及其即位，弥文日增。自时厥后，子孙相承，上之为人君者，无不典学；下之为人臣者，自宰相以至令录，无不擢科，海内文士，彬彬辈出焉"❸，其保证通过擢用以文应举的人员来建立文官秩序，"贵族精英让位于新形成的学术精英层，后者是通过国家考试（科举）体系遴选出来的"❹。

此后，随着科举考试录取人数的逐年上升，宋室南渡之后，温州地区更是人才辈出。因为《张协状元》由南宋温州九山书会的才人们所编，剧本中的内容以温州地区为背景，鉴于篇幅有限，在此仅探讨剧本中的张协服饰与温州地区的科举。《温州府志》卷十九"科举"统计从建炎戊申（公元1128年）李昌榜起至咸淳甲戌（公元1274年）王龙泽榜止，共考取进士1149名。此后，在一本内容全面的明代浙江地方志《弘治温州府志》卷十三中"科第"条也有相关记载，"吾瓯（中国浙江省温州市的别称）登科者，始于唐吴畦、薛正明，而莫盛于有宋"❺。关于温州科举的文献记载还有很多，南宋王十朋《何提刑墓志铭》记载："永嘉自元祐以来……至建炎、绍兴间，异材辈出，往往甲于东南。"❻宋韩彦直在《橘录》序言中也写道："温之学者，由晋唐间未闻有杰然出而与天下敌者，至国朝始盛，至于今日，尤号为文物极盛处。"❼据《温州市志》记载，"从科举中进士的人数来看，自唐大中十三年（公元859年）到清末废科举时（公元1905年）止，温州文科进士共有1580人，其中南宋短短一百多年就有1368人。"❽清人黄宗羲在《宋元学案》中写道：

❶ 江少虞. 宋朝事实类苑 [M]. 上海：上海古籍出版社，1981：10.
❷ 江少虞. 宋朝事实类苑 [M]. 上海：上海古籍出版社，1981：3.
❸ 脱脱. 宋史 [M]. 北京：中华书局，2000：10129.
❹ 白馥兰. 技术、性别、历史：重新审视帝制中国的大转型 [M]. 吴秀杰，白岚玲，译. 南京：江苏人民出版社，2017：88.
❺ 王瓒，蔡芳. 弘治温州府志 [M]. 胡珠生，校注. 上海：上海社会科学院出版社，2006：340.
❻ 王十朋，梅溪集重刊委员会. 王十朋全集 [M]. 上海：上海古籍出版社，1998：1008.
❼ 韩彦直. 橘录 [M]. 北京：中华书局，1985：1.
❽ 章志诚，温州市志编纂委员会. 温州市志 [M]. 北京：中华书局，1998：2754.

"温多士，为东南最。"❶《宋史》中为温州人立传的也以南宋为最多，达到30余人，"宋代进士数占温州历代进士总数的88.31%"❷。"思想、政策和制度相互配合，结合上民众受过教育之后对于登科及第的盼望……科举考试也因此成为塑造宋代社会特性的重要因素"❸，这对整个社会潜移默化地起着价值导向的作用，以致南宋大思想家朱熹也调侃道："居今之士，使孔子复生，也不免应举。"❹由此可以看出，温州科举在南宋时期非常发达。

"朝为田舍郎，暮登天子堂"❺是当时南宋读书人发迹的真实写照。读书人通过科举考试架起的桥梁获得身份与地位，某种程度上就能踏入上层社会。考中科举，便意味着身份的转换，随之而来的可能就是锦衣玉食、荣华富贵。邵武市博物馆馆藏的一件南宋鎏金银人物故事八角杯正是1000年前的南宋读书人金榜题名时的真实再现。❻此件八角杯最特别之处是杯心錾刻着一首《踏莎行》："足蹑云梯，手攀仙桂，姓名高挂登科记。马前喝到（道）状元来，金鞍玉勒成行对。宴罢琼林，醉游花市，此时方显平生至（志）。修书速报凤楼人，这回好个风流婿"（图3-2）。这首词描述了高中科举的状元从京城回到家乡，一路春风得意的热闹情形，其被明代洪楩收录在他所编撰的宋人小说《清平山堂话本》的《简帖和尚》中❼，两个版本的个别字词之间有差异，八角杯中所刻内容大致更加

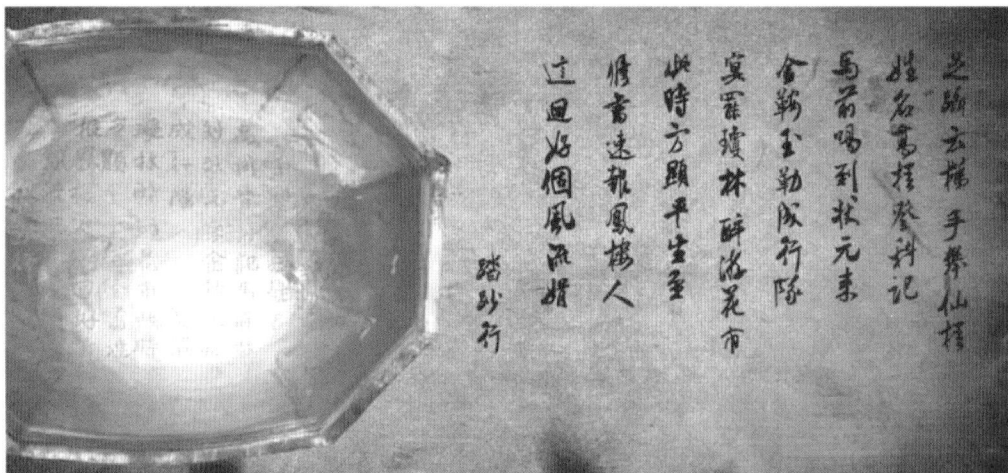

图3-2　南宋鎏金银人物故事八角杯上的《踏莎行》（邵武市博物馆藏）

❶ 黄宗羲. 宋元学案[M]. 陈金生，梁运华，点校. 北京：中华书局，1986：2496.
❷ 张永坝. 温州科举南宋鼎盛[N]. 温州日报，2018-11-4.
❸ 梁庚尧. 宋代科举社会[M]. 上海：东方出版中心，2017：5.
❹ 黎靖德. 朱子语类[M]. 杨绳其，周娴君，校点. 长沙：岳麓书社，1997：219.
❺ 汪洙. 神童诗[M]. 王不语，余竹，译注. 长春：吉林文史出版社，1994：5.
❻ 王振镛，何圣庠. 邵武故县发现一批宋代银器[J]. 福建文博，1982（1）：54-64.
❼ 洪楩，熊龙峰. 清平山堂话本[M]. 北京：华夏出版社，1995：4-5.

接近原作。杯身外壁的连续画面与杯中錾刻的词意相互呼应——这一方，戴花的状元郎骑着高大的骏马，旌旗开道，前呼后拥，神采奕奕；那一方，粉黛佳人，轻卷珠帘，盼望切切（图3-3）。此杯诗与画珠联璧合，意境幽深。这件实物史料进一步彰显了科举对南宋社会的影响是全方位的。

图3-3　南宋鎏金银人物故事八角杯（邵武市博物馆藏）

总的来说，《张协状元》反映了当时的读书人为了家族的荣华富贵，十分重视科举考试这样一种现实。"从宋朝开始，能否科举中第和发家致富成为标示一个传统'家'兴衰的两个主要方面"[1]。在《张协状元》第五出中，张协的父亲唱道："［行香子］欲改门闾，须教孩儿，除非是攻着读书。"[2]父母（合）唱道："但愿此去，名标金榜，折取月中桂。"[3]又唱道："十年窗下无人问，一举成名天下知。"[4]其中，"一举成名天下知"反映了南宋时期科举至上的思想，包括张协在内的许多人都以科举为目标，"正是在功名利禄的驱使诱惑下，整个社会也形成了浓厚的苦读重教风气，争取考取科举，也成为宋代社会教育、家庭教育的导向与目标"[5]，他们为了科举考试的成功，刻苦学习，试图改变自己的命运，"饱学在肚里，异日风云际，身定到凤凰池"[6]。同时，"科举制度的实行使得重视血统的观念不再在社会上处于绝对的支配地位，它带来的后果就是婚姻观的重要变化"[7]。其次，唐代向宋代的社会转型中，由于生产力的提高，财富不断积累，一个新型的富民阶层正在逐渐形成，欧洲近代初期出现的中产阶级，在中国的宋代就已经出现了，这也导致了"政治

[1] 许曼. 跨越门闾：宋代福建女性的日常生活［M］. 刘云军，译. 上海：上海古籍出版社，2019：115.
[2] 九山书会. 张协状元校释［M］. 胡雪冈，校释. 上海：上海社会科学院出版社，2006：29.
[3] 九山书会. 张协状元校释［M］. 胡雪冈，校释. 上海：上海社会科学院出版社，2006：30.
[4] 九山书会. 张协状元校释［M］. 胡雪冈，校释. 上海：上海社会科学院出版社，2006：12.
[5] 方建新，徐吉军. 中国妇女通史·宋代卷［M］. 杭州：杭州出版社，2011：8.
[6] 九山书会. 张协状元校释［M］. 胡雪冈，校释. 上海：上海社会科学院出版社，2006：72.
[7] 郑元祉. 南戏《张协状元》——爱情与科举权力之间的变奏［J］. 科举学论丛，2018（2）：68-80.

婚姻"的出现，"富贵易妻"的现象也在当时大量出现。这种"富贵易妻"的社会现象影响到了南戏创作的题材来源，南戏《张协状元》《李勉负心》以及《王魁负桂英》等剧本中对男主角张协、李勉、王魁等人服饰的描写，正是当时社会中这种"富贵易妻"悲剧现象的真实写照。可见南戏创作的题材选择与宋人的社会生活有着不可分割的关系，其也进一步彰显了《张协状元》中对张协服饰的描写与南宋温州科举的密切关系。

二、角色服饰与南戏中的人物形象塑造

宋代南戏是集唱、念、做、舞于一体的综合表演艺术，"更多继承了唐代歌舞戏的表演路数，发展起以歌舞表演为主的戏剧手段，同样也吸收了前代优戏的全部经验积累，因此它能够成为中国戏曲最早的成熟形式"[1]。南戏的本质是角色扮演，服饰、化妆、音乐、舞蹈与文学语言等毋庸置疑都体现并服务于角色扮演这一本质。作为南戏表演艺术中的两个元素，服饰与文学语言密不可分。对南戏服饰与文学语言的研究，离不开对南戏剧本的研究。《张协状元》的艺术建构和表现形式虽然未臻成熟，尚存在人物关系错杂、戏剧情节松散、强搬硬套等不足，但是在中国戏剧发展的历史长河中，"它是现存最早、最完整的一个宋代南戏剧本，具有开创性的意义和珍贵的文献资料价值"[2]。剧本中角色的服饰穿戴通过曲白描述，这也是在戏剧表演中塑造角色的重要手段之一。在《张协状元》中，其主要通过两种方式呈现。一种是剧中角色自述自己的服饰穿戴，如第三出旦自唱，"［叨叨令］每甘分粗布衣裙，寻思另般格调"，第十二出末白唱"兀底老汉有粗道服，赠君家须着取"等。另一种是通过剧中角色之口描述其他角色的服饰穿戴，如第十五出胜花母唱道："［女冠子］位迁极品，簪缨势，象板派。家传诗礼，门排朱紫。"又唱："［鹤冲天］袅娜巧身材，桃腮和杏脸。每日把珠翠若神女貌，玉女面。"

《张协状元》剧本中以角色自述或者通过角色之口描述其他角色服饰穿戴的方式，无疑是演员在南戏表演中人物形象塑造的重要方法，也是研究南戏角色服饰的重要材料。其中关于角色张协的服饰与南宋温州科举在上文已有详细阐述，"脱白挂绿"的服饰描写将张协的人物形象塑造得生动形象。同时，剧本中对其他角色服饰的描写无疑是观众理解在南戏表演中人物形象塑造的重要依据，也是研究宋代南戏演出角色服饰形制的重要史料。为便于理解，将相关内容列表汇总，详见表3-2。

---

❶ 史仲文. 中国艺术史·戏曲卷［M］. 石家庄：河北人民出版社，2006：208.
❷ 周传家. 古调独弹［N］. 人民日报，1992-11-4.

表3-2 剧本《张协状元》中对其他角色服饰的描写汇总 ❶

剧本	出处	角色	剧本中的记载
《张协状元》	第一出	强人	"虎皮磕脑虎皮袍。"
	第三出	贫女	"每甘分粗布衣裙。"
	第十二出		"奴供备粝食粗衣。"
	第四十七出		"新来似娘子貌妖娆。脸桃花，檀口小……夜合花，斜插带。金为凤，翠为翅。"
	第十二出	李大公	"兀底老汉有粗道服。"
	第十六出	李大婆	"先是我脚儿小，步三寸莲……被我脱下绣鞋儿，自作渡船。"
	第十三出	胜花	"仗托云鬟粉面，使婢随从……宴着红裙……家父当朝号黑王，几番宣唤也宫妆。"
	第十五出		"袅娜巧身材，桃腮和杏脸。每日把珠翠若神女貌，玉女面。"
	第十五出	胜花父（宰相王德用）	"位迁极品，簪缨势，象板派。家传诗礼，门排朱紫。"

笔者尝试分析《张协状元》中其余角色的服饰描写，这对于南戏表演中人物形象塑造同样具有重要的意义，详细探讨如下。

在剧本的第一出中，强人的服饰描写为"虎皮磕脑虎皮袍"。"磕脑"即抹额，是宋代男子裹头的巾子，如《水浒全传》第五十一回记载，"只见一个老儿，裹着磕脑儿头巾"❷。"虎皮磕脑"即在演出中，演员装扮成老虎，头戴虎头形的磕脑，身披虎皮袍上场。"磕脑"（抹额）本来是军队和仪卫使用的一种装束，不同色彩的磕脑可区分不同的军队。在两宋仪卫护驾出行时，也常常头系磕脑，如宋孟元老《东京梦华录》卷十"车驾宿大庆殿"条记载，"兵士皆小帽，黄绣抹额，黄绣宽衫，青窄衬衫"❸，宋吴自牧《梦粱录》卷五"驾诣景灵宫仪仗"条也有相关记载，"介胄跨马之士，或小帽锦绣抹额者"❹，在《永乐宫壁画》（图3-4）中可以看到这种首服的具体形制。剧本中的虎头磕脑，可能不是用纱、罗一类的材料制成的，而是用老虎皮做成帽子的形状，演员表演时直接戴在头上。

---

❶ 九山书会. 张协状元校释［M］. 胡雪冈，校释. 上海：上海社会科学院出版社，2006.
❷ 施耐庵，罗贯中. 水浒全传［M］. 上海：上海古籍出版社，1976：640.
❸ 孟元老. 东京梦华录［M］. 北京：中国商业出版社，1982：64.
❹ 吴自牧. 梦粱录［M］. 北京：中国商业出版社，1982：32.

剧本的前部分对贫女的服饰描写为"粗布衣裙""粗衣"，表明贫女这个角色身份低下，穿着粗劣。"粗衣"又称短衣或褐，是贫苦与地位卑微的人的服饰。宋欧阳德隆《增修校正押韵释疑》记载："褐，释以毛为布，一曰粗衣，一曰短衣。"❶《急就篇》颜注："褐，贱者之服也……或曰粗衣。"❷在《太平御览》六百九十三卷《服章部十》中，也有大量关于褐的记载❸。剧本中对贫女的服饰描写，进一步透露出她的个人处境。在《荆钗记》第十五出中也有类似记载，"粗衣粝食心无歉，为亲老常怀凄惨"❹。宋人王居正所画的《纺车图》（图3-5）展现了

图3-4 《永乐宫壁画》局部

两位劳动阶层女子正在织布的场景，从其所穿的多处带补丁的短衣（"粗衣"）中，也可以窥见底层妇女生活的艰辛。在宋人张择端的《清明上河图》中，也有大量穿着短衣的下

图3-5 《纺车图》局部

---

❶ 欧阳德隆. 增修校正押韵释疑［M］. 四库全书珍本初集（经部小学类）：37.

❷ 史游. 急就篇［M］. 曾仲珊，校点. 长沙：岳麓书社，1989：150.

❸ 李昉. 太平御览［M］. 北京：中华书局，1960：3094-3095.

❹ 柯丹邱. 荆钗记［M］. 北京：中华书局，1959：38.

层劳动者的形象。当贫女被宰相王德用夫妇收为义女后，其服饰的描写便与之前"粗布衣裙""粗衣"的装扮大相径庭。

"胜花"这个角色为宰相王德用的女儿，家境优渥，服饰穿戴自然高贵。在剧本中，对胜花的服饰描写为"红裙""宫妆"，根据这两处服饰的描写，读者（观众）对此角色在剧本中的人物形象塑造可以一目了然。"红裙"在中国古代借喻美女，唐韩愈《醉赠张秘书》诗曰："不解文字饮，惟能醉红裙。"[1]宋李昉《太平广记》卷第一百十二记载："见一女子，红裙绣襦，容色美丽，娥冶自若。"[2]这种红裙的颜色犹如石榴花，引人注目，宋人对这种红色石榴裙赞美的诗句颇多，如宋陈与义《临江仙·高咏楚词酬午日》诗曰："榴花不似舞裙红。"[3]宋卢炳《菩萨蛮》诗曰："石榴裙束纤腰袅。"[4]等。在山西晋祠的宋代侍女塑像（图3-6）中，多位女子下身均着楚楚动人的红裙，更加增添了兰心蕙质的别样芬芳。"宫妆"同"宫装"，宋梅尧臣《送刁景纯学士赴越州》诗曰："二分学宫装。"[5]对于胜花的服饰描写，胡雪冈先生认为，"剧本中此处为虚构情节，意谓皇帝曾几次召她入宫，并容许以宫妆打扮"[6]。

图3-6　山西晋祠宋代侍女塑像

❶ 韩愈. 韩愈全集［M］. 钱仲联，马茂元，校点. 上海：上海古籍出版社，1997：35.
❷ 李昉. 太平广记［M］. 北京：中华书局，1961：779.
❸ 陈与义. 陈与义集［M］. 吴书荫，金德厚，点校. 北京：中华书局，1982：491.
❹ 唐圭璋. 全宋词［M］. 郑州：中州古籍出版社，1996：1467.
❺ 梅尧臣. 梅尧臣集编年校注［M］. 朱东润，校. 上海：上海古籍出版社，2006：1108.
❻ 九山书会. 张协状元校释［M］. 胡雪冈，校释. 上海：上海社会科学院出版社，2006：71.

剧本中胜花父亲（宰相王德用）的服饰穿戴通过胜花母亲之口唱出，"位迁极品，簪缨势，象板派。家传诗礼，门排朱紫"。其中，"簪缨"是宋代达官贵人的冠式，"朱紫"是指宋代高级官员所穿的朱色、紫色的朝服或公服。唐代服饰制度规定，五品以上通服朱紫，如《旧唐书》记载，"贞观四年又制，三品以上服紫，五品以下服绯"[1]。《新唐书》中也记载有"使府宾吏，以军功借赐朱紫率十八……每朝会，朱子满廷而少衣绿者"[2]。宋承唐制，"朱紫"也是高官的标志，据《宋史》记载，"宋因唐制，三品以上服紫，五品以上服朱"[3]。宋代画院所绘制的《大驾卤簿图书》（图3-7）画卷，描绘的是宋朝皇帝南郊祭祀天地时的最高规格的仪仗队，即"大驾卤簿"。该画卷再现了头戴"簪缨"，身穿圆领大袖"朱紫"长袍的宋代官员形象。

图3-7 《大驾卤簿图书》局部（二）

剧本中的李大公和李大婆为一对充满喜剧色彩的角色，两人通过插科打诨、滑稽调笑的表演为戏剧情节的发展增添了许多欢乐的色彩。例如，对李大婆的足服"三寸金莲"的描写，引出了相应的滑稽对话。李大婆唱道："先来是我脚儿小，步三寸莲。"李大公白："一尺三寸。"[4]这种鞋子的鞋头一般做得很尖，宋陆游《老学庵笔记》卷三记载："宣和末，妇人鞋底尖，以二色合成，名'错到底'。"[5]元王实甫在《西厢记》中写道："猛凝眸，看时节则见鞋底儿尖瘦。"[6]在宋人所作的《打花鼓》[7]杂剧绢画中，正在表演杂剧的两位女艺人脚上所穿之物，都是这种尖头小鞋的真实写照。综上，在宋代戏剧的表演中，"三寸金莲"不仅是识别女子性别的标志，也充当了戏剧演员在插科打诨表演中的"道具"。此外，李大公所说的"道服"是宋代士庶阶层十分喜欢穿的便服，这种服饰的形制如长袍，领袖等处缘以黑边。《宣和遗事》记

❶ 刘昫. 旧唐书［M］. 北京：中华书局，2000：1328.

❷ 欧阳修，宋祁. 新唐书［M］. 北京：中华书局，2000：3932.

❸ 脱脱. 宋史［M］. 北京：中华书局，2000：2381.

❹ 九山书会. 张协状元校释［M］. 胡雪冈，校释. 上海：上海社会科学院出版社，2006：81.

❺ 陆游. 老学庵笔记［M］. 李剑雄，刘德权，点校. 北京：中华书局，1979：40.

❻ 王实甫. 西厢记［M］. 梁晨，点校. 兰州：敦煌文艺出版社，2011：93.

❼ 张彬. 《打花鼓》绢画中的人物服饰研究［J］. 装饰，2018（3）：72-75.

载："徽宗闻言大喜，即时易了衣服，将龙袍卸却，把一领皂褙穿着，上面着一领紫道袍，系一条红丝吕公绦。"❶ 在宋徽宗（赵佶）为自己所画的《听琴图》（图3-8）中，他头戴小冠，身穿道袍，微微低着头，双手置于琴上，轻轻地拨弄着琴弦。当然，剧本中所说的李大公的"粗道服"与宋徽宗所穿的道服是不可等同的。

除此之外，笔者从钱南扬先生辑佚的宋元南戏曲子中整理出剧本中相关角色服饰的描写，将其与《张协状元》中角色服饰的描写相互参照，可以进一步看出剧本中角色服饰的描写均是为了南戏表演的本质——角色扮演而服务的。在《孟月梅写恨锦香亭》中，奶妈听到陈珏登第

图3-8　《听琴图》局部

的消息后唱道："［前腔第三换头］策肥马，列鼎茵，衣轻裘。醉鞭玉勒骅骝，显金章紫绶。"❷ "［双声叠韵］挂紫袍，现圣表。"❸《金鼠银猫李宝》中描写渔翁的服饰为"［黄钟近词］［赏宫花序］见这渔翁，披蓑顶笠归家"❹，在《陈光蕊江流和尚》中，陈光蕊荣归时的服饰描写为"［正宫过曲］［泣秦娥］得蒙刺史新除，腰金衣紫，拥朱幡画戟荣乡里"❺。

由以上分析可知，《张协状元》中角色服饰的种类是多元而又繁复的，这些角色所穿的服饰"不同于一般的造型艺术，它有一定的时空规定性和情景规定性，为剧目的角色服务，为提升戏剧的张力和感染力服务"❻。剧中角色服饰的"形式结构以角色各部位、角色与角色、角色与舞台之间的联系为矛盾，强调舞台整体及与剧目风格协调同步，在角色与角色的横向联系、角色自身的纵向发展中周旋"❼。剧本中的曲白是对演员所扮演的角色服饰的描绘，它既有剧作家的构思，也有戏剧艺人为了演出的需要对原有服饰进行的二次创作，同时还有读者（观众）对它的理解。剧本中的这些服饰资料是非常丰富的信息源泉，从中可以看到剧作家、艺人、读者（观众）等不同群体是如何建构和塑造同一南戏角色

❶ 佚名. 宣和遗事［M］. 上海：上海新华书局，1929：109.
❷ 钱南扬. 宋元戏文辑佚［M］. 北京：中华书局，2009：94.
❸ 钱南扬. 宋元戏文辑佚［M］. 北京：中华书局，2009：96.
❹ 钱南扬. 宋元戏文辑佚［M］. 北京：中华书局，2009：105.
❺ 钱南扬. 宋元戏文辑佚［M］. 北京：中华书局，2009：194.
❻ 潘健华. "戏曲服装是表演一部分"新辨［J］. 戏曲艺术，2018，39（1）：76-80，64.
❼ 潘健华. 戏剧服装与设计概述［J］. 戏剧艺术，1988（1）：138-142.

的。解读舞台上的角色塑造，除了在剧场亲身体会戏剧所带来的感受外，阅读剧本中所描写的人物服饰穿戴无疑也是很好的方式。但是，由于纺织品的易腐蚀性强而难以保存的特点，以及在中国古代等级分明的阶级关系中戏剧艺人地位低下等原因，他们的演出服饰较少被人关注与保存。在目前已公布的考古报告中，还没有发现南戏艺人的演出服饰实物，所以宋代南戏艺人在演出中所穿服饰的具体形制、颜色、面料等相关信息只能从《张协状元》剧本、文献资料及其他的视觉图像中窥见，这对于全面、准确地了解宋代南戏角色的服饰，不得不说是一种莫大的遗憾。

三、角色服饰与宋人日常生活服饰的关系

有宋一代，"衣装百户，各有等差"，服饰等级分明。正如奚如谷先生所说，"传统中国的文化等级，要求不同地位和职业的人穿不同颜色和式样的衣服……戏剧演出活动里的每种角色——书生、年轻女子、年轻男子、官员、军人等，都有固定的服装搭配"[❶]。根据前文的分析可知，《张协状元》中的男主角张协的服饰为"白襕""绿袍""花幞头""高桶巾"等，女主角贫女的服饰为"粗衣""盖头"等，其他角色的服饰都是当时宋人日常生活服饰的真实写照，每个角色都穿着与其身份相符合的服饰。可见在南戏表演中，演员们所穿着的服饰来源于宋人日常生活服饰。

程式性是戏剧服饰的基本特征之一，程式兼具稳定性与变化性。就南戏服饰而言，其程式性是相对稳定的。南戏服饰的本质是角色扮演，演员为了在演出中进行角色形象的逼真呈现，选择日常生活服饰作为演出中的服饰，这既是南戏演出的需要，又是演员与观众拉近距离的手段之一。

通过文献和戏剧文物的相互比对分析，可以了解南戏艺人服饰的状况。虽然宋代南戏留存下来的图像资料不多，但幸运的是，南宋洪子诚夫妇合葬墓中出土了21件南戏人物素胎瓷俑，这些陶俑姿态生动，动作各异，面部都呈现出表达喜、怒、哀、乐的不同神情。由于工匠水平高超，雕刻技术娴熟，这些人物服饰形制明确，衣褶清晰，为研究宋代南戏服饰提供了珍贵的图像资料。这些南戏瓷俑与北方地区出土的杂剧砖雕和戏俑的服饰明显不同，带有南方独特的地域风格。笔者尝试分析其中几件瓷俑的服饰，可以看出南戏艺人在表演中所穿着的服饰实则源于宋人日常生活服饰。图3-9中的女瓷俑头戴盖头，身穿宽袖袍，腰束丝带，脚穿尖靴，扮演的是结婚女子的形象。这正与《张协状元》第五十三

---

❶ 奚如谷. 海内外中国戏剧史家自选集·奚如谷卷[M]. 郑州：大象出版社，2018：94-95.

出贫女与张协结婚时的服饰穿戴相一致,"(旦大妆上)(外唱)[幽花子]盖头试待都揭起"[1]。图3-10中的男瓷俑头戴幞头,身着圆领窄袖长袍,腰系带,脚着靴,双手作舞蹈状。通过出土实物图像之间的比对分析,与此时间较为接近的南宋查曾九墓出土的南戏瓷俑所穿的服饰也体现出角色服饰源于宋人日常生活服饰的特点,这也进一步印证了笔者的观点。图3-11中的男瓷俑头戴幞巾,身着圆领宽袖长袍,内穿靴,外袍掩襟,腰系带,作拱手施礼状。图3-12中的女瓷俑头戴三花冠,身穿圆领大袖长袍,腰系带,脚穿尖靴,作右手捂嘴状。此外,墓中其余南戏瓷俑所穿的服饰也是当时宋人日常生活服饰的真实写照。

宋代南戏是一种土生土长的民间艺术,它根植于民间艺术滋养的土壤之中,为了迎合南宋临安(今浙江省杭州市)娱乐市场庞大的消费群体(以人数众多的下层市民为主),南戏在题材的选择上主要是宋人日常生活中的片段,因为"市民既是娱乐市场的主体,又是娱乐活动的客体。娱乐市场的本质特征就在于

图3-9 宋代南戏女瓷俑(南宋洪子成夫妇合葬墓出土)

图3-10 宋代南戏男瓷俑(南宋洪子成夫妇合葬墓出土)

图3-11 宋代南戏男瓷俑(南宋查曾九墓出土)

图3-12 宋代南戏女瓷俑(南宋查曾九墓出土)

---

[1] 九山书会. 张协状元校释 [M]. 胡雪冈, 校释. 上海:上海社会科学院出版社, 2006:199.

其市民特征，它既是由市民创造的，也是为市民服务的，同时艺术形式又以市民生活为内容……市场中的娱乐活动以市民及其生活为内容，娱乐作品以市民生活为原型加工创作而成。作为市民成员的民间艺人，其创作来源于市井生活，反映市民的心态与性情，反映市井之世态炎凉"❶。也正如廖奔先生所言，"初生的南戏选择了家庭生活与男女关系的角度切入社会生活，这个角度最便于发挥南戏的舞台特长，它所体现的又正是人生最核心的部分，也是人类情感最为关注的部分，因而这种选择给南戏带来了初发生命力"❷。所以宋人日常生活中的服饰也成为南戏演出服饰的重要来源。由此更可见这批宋代戏俑的弥足珍贵，"既显示了南宋时期制瓷匠师们巧夺天工的雕塑技艺，同时也为中国南方南戏的发展和宋代服饰的研究提供了新的材料"❸。南戏瓷俑的服饰穿戴也进一步证明了《张协状元》中的角色服饰来源于宋人日常生活服饰。正如宋俊华先生所言，"中国古代戏剧服饰来自日常生活服饰，根据扮演角色的需要和中国的艺术精神，选择和加工了日常生活服饰"❹。

王国维先生在《宋元戏曲史》中写道："南戏出而变化更多，于是中国始有纯粹之戏曲。"❺《张协状元》是中国戏剧发展史上的重要一环，本节通过对《张协状元》中角色服饰的研究，探讨了其与南宋温州科举、南戏人物形象塑造以及与宋人日常生活服饰的关系等几个问题，形成对南宋温州科举、戏剧表演艺术、宋人日常生活穿戴以及民俗风气等的整体印象。总的来说，南戏《张协状元》中角色服饰被赋予了更多的内涵，既体现了为角色扮演而服务的本质，又彰显了宋代戏剧服饰与社会环境的密切关系。

第二节

宋代戏剧服饰与时尚

宋杂剧在宋代散乐中占据重要位置，是一种独立的表演艺术。宋代遗留下丰富的与杂剧有关的图像资料，这些图像不仅是宋杂剧繁荣兴盛的真实写照，并且再现了宋代市井生

❶ 龙登高. 南宋临安的娱乐市场［J］. 历史研究，2002（5）：29-41，190.

❷ 史仲文. 中国艺术史——戏曲卷［M］. 石家庄：河北人民出版社，2006：218.

❸ 唐山. 江西鄱阳发现宋代戏剧俑［J］. 文物，1979（4）：6-9，99-100.

❹ 宋俊华. 中国古代戏剧服饰研究［M］. 广州：广东高等教育出版社，2003：277.

❺ 王国维. 宋元戏曲史［M］. 北京：研究出版社，2017：149.

活的缤纷多彩。同时，这些图像还呈现了宋杂剧艺人演出时的服饰穿戴状况，其背后也映射出当时的社会时尚风气，通过宋杂剧艺人的服饰穿戴等诸多内容可以窥探宋代的世风，主要包括三个方面：一是宋杂剧女扮男装演出时尚之风；二是宋杂剧首服簪花时尚之风；三是宋与辽、金杂剧服饰相互吸收借鉴时尚之风。诚然，这三方面的内容不能对宋代社会的时尚风气包罗万象，但是也从某种角度彰显了宋代杂剧服饰与社会环境的密切关系。

一、宋杂剧女扮男装演出时尚之风

随着宋朝的统一，五代十国频繁的朝代更替结束了，宋代社会政局稳定，休养生息。同时，伴随着坊市制度的逐渐废除，商品经济贸易的日益发达，"每一交易，动即千万"[1]，一种崭新的物质文化生活出现了，一个新兴的商业社会已经在宋代初露端倪。这种城市商品经济的极具繁荣，推动了士大夫有闲阶级与市民阶层的迅速壮大以及市井艺术的蓬勃发展，商业活动与市民娱乐紧密地联系在一起。正如刘方先生所说，"商品经济的繁荣，为以娱乐为消费的城市市民大众的产生，提供了经济条件，使演艺由宫廷走向民间，由上层社会官僚阶层的消遣享乐、士大夫阶层的逸情遣兴转向大众性"[2]。宋孟元老在《东京梦华录》的序中描述了当时汴京日常商业和娱乐生活的真实状况，"太平日久，人物繁阜。垂髫之童，但习鼓舞；班白之老，不识干戈。时节相次，各有观赏……新声巧笑于柳陌花衢，按管调弦于茶坊酒肆。八荒争凑，万国咸通。集四海之珍奇，皆归市易"[3]。至此，"分布于广大城市与邑镇中的瓦舍勾栏成为平民化文学艺术生存、发展的主要阵地，妇女则是活跃于其中的重要力量"[4]。

宋代商品经济的活跃以及市井艺术的勃兴促使大量女子进入瓦舍勾栏中进行商业演出，女扮男装演出成为一种社会风尚，"女扮男装，更带有戏剧角色装扮的性质"[5]。《东京梦华录》中记载了当时汴京一批优秀的杂剧女艺人，"后部乐作，诸军缴队杂剧一段，继而露台弟子杂剧一段。是时弟子萧住儿、丁都赛、薛子大、薛子小、杨揔惜、崔上寿之辈，后来者不足数"[6]，其中提到的"露台弟子"指的就是她们。宋程大昌在《演繁露》中

❶ 孟元老. 东京梦华录［M］. 王永宽，注译. 郑州：中州古籍出版社，2010：44.
❷ 刘方. 唐宋变革与宋代审美文化转型［M］. 上海：学林出版社，2009：159.
❸ 孟元老. 东京梦华录［M］. 王永宽，注译. 郑州：中州古籍出版社，2010：19.
❹ 方建新，徐吉军. 中国妇女通史——宋代卷［M］. 杭州：杭州出版社，2011：4.
❺ 康保成. 海内外中国戏剧史家自选集：康保成卷［M］. 郑州：大象出版社，2018：7.
❻ 孟元老. 东京梦华录［M］. 王永宽，注译. 郑州：中州古籍出版社，2010：134.

写道："至今谓优女为弟子。"❶。由此可见，北宋这类女艺人的数量非常之大，她们"不仅色艺兼具，也能唱赚歌舞"❷。宋代大量的女艺人进入杂剧演出行业，不仅丰富了戏剧的角色及演出内容，同时还以女性特有的魅力吸引了大量观众，经常"不以风雨寒暑，诸棚看人，日日如是"❸。

宋杂剧是由唐代的参军戏和歌舞戏进一步融合产生的。在唐代的参军戏中已经出现了女扮男装演出的现象，这在诸多文献中均有记载，但目前出土与唐代参军戏女扮男装演出相关的文物却寥寥无几❹，更多的是晚唐男优"弄假妇人"的表演❺。这种现象的出现或许与唐代初年颁布的女子禁演优戏的法令有关，据《旧唐书》记载，"龙朔元年（公元661年），皇后请禁天下妇人为俳优之戏，诏从之"❻。五代时期，在散乐中又出现了乐工女扮男装演出的现象，如五代王处直墓西壁浮雕《散乐图》中，"右边第一人为女性，着男装，身高0.54米，头戴黑色朝天幞头，身穿褐色圆领缺胯长袍，脚穿线鞋，腰束带。双手交叉于胸前，横握一棒，棒上穿双环丝带"❼。但和宋代戏剧艺术相比，这种现象也是极少数。这种角色扮演上的"反串"是中国戏剧常用的表现方法和重要的美学品格，对后世的戏剧产生了重要的影响，如元代的"旦末双全"和明清及如今京剧舞台上的"女扮须生"。郑传寅先生把中国戏剧中这种反串的现象解释为"以戏曲的假定性为内在根据，以刚柔相济的传统美学趣味为生存的外部条件，故至今仍能活在戏曲舞台上"❽。笔者认为，宋代出现大量女子着男装扮演男子演出的现象，除了戏剧自身的艺术特征要求外，商品经济的活跃和市民阶层的壮大才是此种现象出现的首要原因。

正如前文所说，历宋之世，女子开始进入杂剧演艺行业，宋孟元老《东京梦华录》中记载女童的演出服饰为"结束如男子，短顶头巾"❾。此外，女艺人扮男子装束演出的场景在宋代图像中也很常见，这些女艺人以独特的魅力丰富了宋代城市的风貌，进一步打破了当时人们对封建思想的认知，甚至出现了对"女明星"崇拜的心理。例如，四方宋代铭文

---

❶ 朱易安，傅璇琮，周常林，等.全宋笔记［M］.郑州：大象出版社，2008：228."露台弟子杂剧全部由女演员扮演"。

❷ 许美玲.宋代「乐舞伎」之研究［D］.台湾：佛光大学，2012：105.

❸ 孟元老.东京梦华录［M］.王永宽，注译.郑州：中州古籍出版社，2010：90.

❹ 根据笔者对目前发掘简报的统计，唐代参军戏女扮男装出土文物仅此一处。具体文献可参考：金维诺，李遇春.张雄夫妇墓俑与初唐傀儡戏［J］.文物，1976（12）：44-50，99.

❺ 张彬.国家博物馆藏唐代参军戏俑人物服饰研究［J］.装饰，2018（10）：86-89.

❻ 刘昫.旧唐书［M］.北京：中华书局，2000：55.

❼ 河北省文物研究所，保定市文物管理处.五代王处直墓［M］.北京：文物出版社，1998：38.

❽ 郑传寅.传统文化与古典戏曲［M］.武汉：湖北教育出版社，1990：317.

❾ 孟元老.东京梦华录［M］.王永宽，注译.郑州：中州古籍出版社，2010：134.

杂剧砖雕（图3-13）中的人物全身图像采用平面浅浮雕方式，从四位女艺人的服饰穿戴我们可知，"杨揔惜""丁都赛""薛子小"三人姓名均为右上角浅浮雕正楷书，唯"凹敛儿"姓名在靠近头部左上角的位置，砖雕为青灰色，服饰衣褶清晰，人物风姿绰约，特征鲜明。左起第一人是杨揔惜，头戴东坡巾簪花，身穿圆领窄袖袍衫，腰束带，为女性装扮，右手执一根长长的细竹竿子道具，靠

图3-13　四方宋代铭文杂剧砖雕

在右肩上且高过头部，下至膝盖处。左起第二人是丁都赛，头戴诨裹簪花，上身穿圆领窄袖开衩袍衫，腰束带，下身着吊敦，双手交叉于胸前作男子叉手示敬状，背后插一团扇道具，明显为女扮男装。左起第三人是薛子小，头戴簪花幞头，上身穿圆领窄袖开衩袍衫，腰束带，下身着吊敦，左臂弯曲食指向上指，右手执"皮棒槌"（又名"楂瓜"）道具。左起第四人是凹敛儿，头戴诨裹簪花，上身穿圆领窄袖袍衫，腰束带，下身着吊敦，双手交于胸前，身体扭捏呈滑稽姿态，表情夸张搞笑，面部化妆，涂有白眼窝，身后插一扇为道具。从解读可以看出图像所呈现的信息为：四人皆为女艺人，女扮男装站成一排，正在演出。《打花鼓》杂剧绢画（图3-14）中，左侧一人幞头诨裹，身穿窄袖对襟褙子，外斜罩一件男士长衫，身后地上放有扁担竹笠，似扮成一农人，右侧一人仅在头上戴一簪花罗帽。由图像可知，这两个杂剧艺人虽然身穿妇女衣装，但又在外面加上了男子的个别衣饰并且两人作男士叉手示敬状，象征着其扮演男子形象。在河南省禹州市白沙宋墓大曲壁画（图3-15）中，有五人呈现男子装束，头戴翘脚花额幞头，身着绛色或蓝色圆领袍，从

图3-14　《打花鼓》杂剧绢画（北京故宫博物院藏）

图3-15　河南省禹州市白沙宋墓大曲壁画局部

幞头下露出的发髻以及圆润的面容等特征来看，显然是女性。河南省偃师区酒流沟宋墓杂剧砖雕（图3-16）中，左侧第一人幞头簪花，身着圆领窄袖长袍，腰束带，脚着弓鞋，双手展开一幅画卷，从此人脑后发髻及弓鞋判断，应为一名女艺人。河南温县前东南王村宋墓杂剧砖雕（图3-17）中的装孤色和引戏色两个角色峨眉秀鬟，纤指小足。此外，丁都赛砖雕（图3-18）等呈现的也均是女艺人着男装演出的形象。

图3-16　河南偃师酒流沟宋墓杂剧砖雕（拓本）

图3-17　河南温县前东南王村宋墓杂剧砖雕（拓本）

图3-18　丁都赛砖雕（中国国家博物馆藏）

图3-13中左侧第二人与图3-18中的女艺人均为丁都赛的形象。据笔者推测，宋孟元老所著的《东京梦华录》[1]所记为崇宁至宣和年间之事（公元1102～1125年），"崇宁（公元1102～1106年）、大观（公元1107～1110年）以来在京瓦肆技艺"名单中尚无丁都赛之名，她可能是政和以后（公元1111～1118年）才出名的，虽然丁都赛演出的地点在汴京，但是她的声名已经远传至二百里外的偃师，当她正活跃于汴京瓦舍勾栏的舞台之上时，她

---

[1]《东京梦华录》序记载："仆从先人宦游南北，崇宁癸未（1103年）到京师，卜居于州西金梁桥西夹道之南，渐次长立……靖康丙年（1126年）之明年，出京南来，避地江左……谨省记编次成集，庶几开卷得睹当时之盛。"孟元老. 东京梦华录［M］. 王永宽，注译. 郑州：中州古籍出版社，2010：19.

的形象被烧制成砖，为建造墓室所用，并在砖雕上明确刻出了她的名字，说明当时社会中已经开始使用具有影响力的杂剧艺人图像来殉葬的习俗，这也反映了宋人对"女明星"崇拜的心理。

宋代习乐风气盛行，无怪乎宋柳永在《看花回》词中曰："玉城金阶舞舜干，朝野多欢。九衢三市风光丽，正万家，急管繁弦。"❶精通乐律的宋人陈旸也曾深有感慨地喟叹道："圣朝乐府之盛，歌工乐吏多出市廛畎亩，规避大役，素不知乐者为之。"❷这种现象被陈旸一针见血地道破了，也打破了宋代士大夫们心目中对女子教育的理想方式，如宋司马光就指出，"管弦歌诗，皆非女子所宜学也。"❸

根据宋代的文献记载，在经济发达的两京和两浙地区，出现了不重生男而多偏爱生女儿的情况，因为这些地区商品经济与城市经济发达，文化娱乐行业需要更多的人员加入，越来越多的女子便进入这一行业，并扮演着重要的角色。宋廖莹中《江行杂录》记载："京都中下之户不重生男，每生女，则爱护如捧璧擎珠。甫长成，则随其姿质教以艺业，用备士大夫采拾娱侍，名目不一，有所谓身边人、本事人、供过人、针线人、堂前人、杂剧人、拆洗人……等级截乎不紊。"❹在前文列举图像中的女艺人，应为"杂剧人"之属。宋代，在娱乐业较为发达的东南地区，有些家庭的女童从小就会接受专业性的训练，培养良好的艺术素养，长大后进入娱乐行业。宋陈润道《吴民女》诗曰："养女日夜望成长，长成未必为民妻。百金求师教歌舞，便望将身赡门户。"❺针对此种现象，宋人文天祥一针见血地指出，"京人薄生男，生女即不贫"❻宋人徐元杰评论道："臣观都人生女，自襁褓而教歌舞，计日而鬻之，不复有人父母之心……此风积习，转转日甚，连茕罕良家矣。"❼从这些文献中，可以窥见由于受到经济利益的驱使，在宋代的部分地区确实存在着不重生男重生女的新的思想观念，且其带有功利性的目的，对宋代社会风俗产生了一定的影响。但从另一个侧面来看，"更多的直接从事娱乐业的女子，不但解决了本人的衣食生活，也为家庭增加了收入，并对宋代社会的经济尤其是城市与城市经济的发展做出了贡献"❽。

此外，在当时的北宋和南宋勾栏瓦舍中杂剧女艺人占有很大比例，如宋孟元老在《东

❶ 柳永. 乐章集［M］. 高建中，校点. 上海：上海古籍出版社，1989：17.

❷ 陈旸.《乐书》点校（下）［M］. 张国强，点校. 郑州：中州古籍出版社，2019：800.

❸ 司马光. 温公家范［M］. 天津：天津古籍出版社，1995：108.

❹ 陶宗仪. 说郭［M］. 北京：中国书店，1986：361-362.

❺ 厉鹗. 宋诗纪事［M］. 上海：上海古籍出版社，1983：1788.

❻ 文天祥. 文天祥诗集校笺［M］. 刘文源，校笺. 北京：中华书局，2017：71.

❼ 黄淮，杨士奇. 历代名臣奏议［M］. 上海：上海古籍出版社，1989：1551.

❽ 方建新，徐吉军. 中国妇女通史——宋代卷［M］. 杭州：杭州出版社，2011：14.

京梦华录》中列举了北宋末年娱乐行业的72名当红艺人,其中有一半以上都是女艺人。宋周密《武林旧事》卷七"诸色技艺人"条中,杂剧艺人慢星子、王双莲皆注明"女流",鱼得水、王寿香、自来俏皆注明"旦"❶,此外,廖奔先生认为萧金莲、眼里乔、卓郎妇、笑屬儿、韵梅头、胡小俏、郑小俏等,皆似女艺人❷。这些女艺人不仅表演技艺高超,并且文化水平与艺术素养也很高。程民生先生也指出,这些女艺人虽然位于社会下层,但具备一定的文化水平。❸宋毛开《樵隐笔录》记载:"绍兴初,都下盛行周清真咏柳《兰陵王慢》,西楼南瓦皆歌之,谓之渭城三叠。以周词凡三换头,至末段声尤激越,惟教坊老笛师,能倚之以击歌者,其谱传自赵忠简家。忠简于建炎丁未九日南渡,泊舟仪真江口,遇宣和大晟乐府协律郎某,叩获九重故谱,因令家伎习之,遂流传于外。"❹四川地区文化繁盛,故而"蜀伶多能文,俳语率杂以经史,凡制帅幕府之宴集多用之"❺。艺人能作文吟诗,颇具文采。越州官衙"有歌诸宫调女子洪惠英正唱词次,忽停鼓白曰:'惠英有述怀小曲,愿容举似。'乃歌曰:'梅花似雪,刚被雪来相挫折。雪里梅花,无限精神总属他。梅花无语,只有东君来作主。传与东君,宜与梅花做主人。'歌必,再拜云:'梅者,惠英自喻,非敢僭拟名花,估以借意。雪者指无赖恶少也。'"❻遂把自己被恶少骚扰的遭遇控诉出来,"故情见乎词,在流辈中诚不易得"❼。其才思敏捷,聪慧过人,得到士大夫的赞赏。在宋代,生活窘迫,流浪于乡间的路岐人,其文化水平也不容小觑。宋洪迈《夷坚志》记载:"江浙间,路岐伶女有慧黠知文墨,能于席上指物题咏,应命辄成者,谓之合生,其滑稽含玩讽者,谓之乔合生,盖京都遗风也。"❽

宋代女艺人技艺水平与文化素养之高,确实令人瞠目结舌。据程民生先生考证,"北宋末年全国职业艺人估计共约51800人,若以半数识字,有文化者约25900人"❾。在这样庞大的艺人群体中,女艺人所占的比例一定不会少。这些女艺人所创造的价值"首先是文化普及与启蒙,其次是文化保存与传承,其三是文化的异端存在,其四是创造了新的艺术形

❶ 周密. 武林旧事[M]. 北京:中国商业出版社,1982:135.
❷ 廖奔. 宋元戏曲文物与民俗[M]. 北京:中国戏剧出版社,2016:263.
❸ 程民生. 宋代女子的文化水平[J]. 史学月刊,2019(6):34-49.
❹ 唐圭璋. 词话丛编[M]. 北京:中华书局,1986:2270.
❺ 上海古籍出版社. 宋元笔记小说大观[M]. 上海:上海古籍出版社,2007:4448.
❻ 朱易安,傅璇琮,周常林. 全宋笔记·第九编(五)[M]. 郑州:大象出版社,2008:160.
❼ 朱易安,傅璇琮,周常林. 全宋笔记·第九编(五)[M]. 郑州:大象出版社,2008:160.
❽ 朱易安,傅璇琮,周常林. 全宋笔记·第九编(五)[M]. 郑州:大象出版社,2008:159.
❾ 程民生. 宋代艺人的文化水平与数量[J]. 河南师范大学学报(哲学社会科学版),2019,46(1):84-91.

式"❶。她们为宋代文化艺术的普及和传承作出了重要的贡献，更为宋代戏剧文化增添了兰心蕙质的异彩芬芳。这主要与宋代极为发达的商品经济下的市井娱乐业的不断发展密切相关，正如廖奔先生所说，"宋代适宜的城市商业环境，为市井艺人提供了极好的生存空间，使其队伍得到空前的发展，市井演出成为时代审美娱乐活动的主流"❷。这些宋代女扮男装演出图像的留传，证实了宋人重视市井娱乐生活，进一步显示了宋杂剧女扮男装演出的时尚风气，以及女艺人在宋杂剧演出中占据着重要的位置，可谓之现代"追星族"之滥觞。❸

二、宋杂剧首服簪花时尚之风

除了图3-13中的四位女艺人首服全部簪花外，其他的宋杂剧图像中也有艺人簪花的形象。这印证了宋吴自牧《梦粱录》卷六中"教坊所伶工、杂剧色，诨裹上高簇花枝"❹的记载。杂剧艺人首服簪花实则源于宋人流行簪花的社会时尚风气。

自古以来，"古人则无有不簪花者"❺。有宋一代，簪花、养花、种花、卖花、赐花等"花事"达到了繁荣昌盛的顶峰，一年四季都能听到市场中传来的鲜花叫卖声，"四时有扑带朵花，春扑带朵桃花、四香、瑞香、木香等花，夏扑金灯花、茉莉、葵花、榴花、栀子花，秋则扑茉莉、兰花、木樨、秋茶花，冬则扑木春花、梅花、瑞香、兰花、水仙花、蜡梅花。更有罗帛、脱蜡、像生、四时小枝花朵，沿街市吟叫扑卖"❻。"花事"成为宋代各个阶层日常生活和审美活动的重要组成部分，反映出宋人对雅致生活的追求。由于宋代国富民丰，做到了"仓廪实则知礼节，衣食足则知荣辱"❼，因此，宋人在"花事"上的开销巨大❽，这也进一步反映出宋人生活的富庶与安逸。在这种物质生活富足的基础上，宋人更加注重精神追求，审美情趣不断提升，自由、自信的精神风貌也呈现在宋代服饰文化中，簪花的习俗便是最具特色的体现。

在宋代，簪花不再是只有女子可以独享的"特权"，宋代男子簪花之风气与女子相比

---

❶ 程民生. 宋代艺人的文化水平与数量［J］. 河南师范大学学报（哲学社会科学版），2019，46（1）：84-91.

❷ 廖奔. 中华艺术通史——五代两宋辽西夏全卷（上）［M］. 北京：北京师范大学出版社，2006：23.

❸ 伊永文. 宋代市民生活［M］. 北京：中国社会出版社，1999：2.

❹ 吴自牧. 梦粱录［M］. 北京：中国商业出版社，1982：43.

❺ 赵翼. 陔余丛考［M］. 曹光甫，校点. 上海：上海古籍出版社，2011：597.

❻ 吴自牧. 梦粱录［M］. 北京：中国商业出版社，1982：111.

❼ 房玄龄. 管子［M］. 刘晓艺，校点. 上海：上海古籍出版社，2015：1.

❽ 秦开凤. 宋代文化消费研究［M］. 北京：商务印书馆，2019：185-188.

有过之而无不及，日益普遍。其实在唐代已经出现了男子簪花的现象，如唐王维《九月九日忆山东兄弟》诗曰："独在异乡为异客，每逢佳节倍思亲。遥知兄弟登高处，遍插茱萸少一人。"❶但这种现象还是少数。男子簪花现象在宋代的普遍出现，具有特殊的意义，"宋代是中国封建社会唯一男子簪花成风的时代。士大夫簪花不仅是对美的追逐，更是向往独立人格、独立精神世界的标志"❷。簪花在文人士大夫眼中还有祥瑞之寓意，宋沈括在《梦溪笔谈·补笔谈》卷三中记载了一段"四相簪花"的趣事，"韩魏公庆历中以资政殿学士帅淮南，一日，后园中有芍药一干，分四岐，岐各一花，上下红，中间黄蕊间之。当时扬州芍药未有此一品，今谓之'金缠腰'者是也。公异之，开一会，欲招四客以赏之，以应四花之瑞。时王岐公为大理寺评事通，王荆公为大理评事金判，皆召之。尚少一客，以判铃辖诸司使忘其名官最长，遂取以充数。明日早衙，铃辖者申状暴泄不至。尚少一客，命取过客历求一朝官足之，过客中无朝官，唯有陈秀公时为大理寺丞，遂合同会。至中筵，剪四花，四客各簪一枝，甚为盛集，后三十年间，四人皆为宰相"❸男子簪花"这种看似极不协调的现象，恰恰又来自活生生的生活原态，是真实的生活场景"❹，在宋李公麟所绘的《会昌九老图》（图3-19）和宋佚名《田畯醉归图卷》（图3-20）中均出现了老人簪花的形象。此外，《田畯醉归图卷》中的老人簪花形象正好印证了苏轼任杭州通判时在吉祥寺观赏牡丹花时写下的诗句，"人老簪花不自羞，花应羞上老人头。醉归扶路人应笑，十里珠帘半上钩"❺，诗中有画，画中有诗，此情此景，可见一斑。在《宋仁宗皇后像》（图3-21）中，皇后身后一左一右站立两名着男装的女侍，一人手捧长巾，一人手持唾盂，二人均头戴花冠，身穿圆领窄袖开衩带花纹的长袍，腰束带。这些人物图像均印证了宋人对簪花的情有独钟。

图3-19 《会昌九老图》局部

---

❶ 王维. 王维诗百首［M］. 张风波，选注. 石家庄：花山文艺出版社，1985：175.

❷ 吴洋洋. 宋代士民的"花生活"［M］. 北京：中国社会科学出版社，2019：11.

❸ 沈括. 梦溪笔谈［M］. 施适，校点. 上海：上海古籍出版社，2015：212.

❹ 蒋建平. 唐诗宋词中的风雅与时尚［M］. 上海：文汇出版社，2010：28.

❺ 苏轼. 苏轼诗集（第二册）［M］. 王文诰，辑注；孔凡礼，点校. 北京：中华书局，1982：330.

图3-20 《田畯醉归图卷》局部

图3-21 《宋仁宗皇后像》

　　杂剧艺人首服簪花的流行时尚风气应该最先发轫于宫廷，正所谓"上有所好，下必甚焉"，"这是自上而下的纵向扩散，即由社会的上层政治、经济、文化界的领袖人物带头倡导，上行下效，形成风气。这中间，权威的影响是相当大的"[1]。宋代文献中记载了大量上层人物簪花的事例，如宋吴自牧《梦粱录》中记载皇帝与民同乐时，"上易黄袍小帽儿，驾出再坐，亦簪数朵小罗帛花帽上"[2]。宋王巩《闻见近录》记载："故事，季春上池，赐生花，而自上至从臣皆簪花而归。绍圣二年上元，幸集禧观，始出宫花，赐从驾臣僚各数十枝，时人荣之。"[3]宋吴曾《能改斋漫录》卷十三记载："真宗亲取头上一朵为陈（尧佐）簪之，陈跪受拜舞谢。宴罢，二公出。风吹陈花一叶堕地，陈急呼从者拾来，此乃官家所赐，不可弃。置怀袖中。"[4]能够得到真宗皇帝亲自为臣子簪花的礼遇，自然殊荣无比。在宋代，宴会、典礼、节庆甚多，赐花、簪花已经成为特定的礼仪程式，也成为帝王彰显"皇恩浩荡"的一种政治手段，如《宋史》记载，"宰相率百官入，宣徽、合门通唱，致辞讫，宰相升殿进酒……或上寿朝会，止令满酌，不劝。中饮更衣，赐花有别。宴讫，舞蹈拜谢而退"[5]。《宋史》中也详细记载了宋代在宴会期间，人

❶ 赵庆伟. 中国社会时尚流变［M］. 武汉：湖北教育出版社，1999：4.

❷ 吴自牧. 梦粱录［M］. 北京：中国商业出版社，1982：17.

❸ 王巩. 闻见近录［M］. 北京：中华书局，1991：10.

❹ 吴曾. 能改斋漫录［M］. 北京：中华书局，1980：395.

❺ 脱脱. 宋史［M］. 北京：中华书局，2000：1807-1808.

们赐花、戴花的具体过程，"酒行，乐作；饮讫、食毕，乐止。酒五行，预宴官并兴就次，赐花有差。少顷，戴花毕，与宴官诣望阙位立，谢花再拜讫，复升就坐"❶。宋代这一套礼仪程式，成为中国封建社会中的一枝独秀，它不仅体现了宋人对美的追求，更是其向往独立人格与精神世界的标志。

"宋代男子簪花习俗，作为服饰文化的一部分，既体现了服饰惯制所具有的观赏性、礼仪性等特点，又折射出宋代的社会心理、人文精神、审美情趣和时代特征，其文化内涵不能以一概之"❷，这种审美文化"以汉民族为主题的重文尚雅的审美情调""是从宋代这里开始定型的"❸。在宋代的宫廷中，此种风气愈演愈烈，除了皇帝、群臣外，禁卫、执事、门吏乃至御史等小官均可簪花、戴花，如《宋史·舆服志》记载，"幞头簪花，谓之簪戴。中兴，郊祀、明堂礼毕回銮，臣僚及扈从并簪花……太上两宫上寿毕，及圣节、及赐宴、及赐新进士喜闻宴，并如之"❹。在宋孟元老所著的《东京梦华录》中也有大量记载，如"两边皆禁卫排立，锦袍，幞头簪赐花，执骨朵子"❺"围子、亲从官皆顶球头大帽，簪花，红锦团答戏狮子衫，金镀天王腰带，数重骨朵"❻"开封府大理寺排列罪人在楼前，罪人皆绯缝黄布衫，狱吏皆簪花鲜洁，闻鼓声，疏枷放去"❼。宋西湖老人《西湖老人繁胜录》记载："驾出三日……依官品赐花。幕士、行门、快行，花最细且盛。禁卫直至捌巷，官兵都带花，比之寻常观瞻，幕次倍增。乾天门道中，直南一望，便是铺锦乾坤。吴山坊口，北望全如花世界。"❽这看似夸张的描写，实则是宋人喜爱簪花的真实写照。

从宋代诗词中，我们也可以看到皇帝的卤簿仪仗中的臣僚、扈从簪花的奢华景象。正如宋杨万里在《德寿宫庆寿口号其三》一诗中所言，"牡丹芍药蔷薇朵，都向千官帽上开"❾。宋姜夔《郊礼后景灵宫薛谢纪事》诗云："不知后面花多少，但见红云冉冉来。"❿宋阮秀实《景灵宫恭谢驾回丞相以下皆簪花》诗云："宫花密映帽檐新，误蝶疑蜂逐去尘。自是近臣偏得赐，绣鞍扶上不胜春。"⓫《鹧鸪天·日暮迎祥对御回》诗云："日暮迎祥对御回，宫

❶ 脱脱. 宋史［M］. 北京：中华书局，2000：1815.
❷ 冯尔才，荣欣. 宋代男子簪花习俗及其社会内涵探析［J］. 民俗研究，2011（3）：50-64.
❸ 陈炎，等. 中国审美文化史（唐宋元明清卷）［M］. 济南：山东画报出版社，2007：174.
❹ 脱脱. 宋史［M］. 北京：中华书局，2000：2386.
❺ 孟元老. 东京梦华录［M］. 王永宽，注译. 郑州：中州古籍出版社，2010：107.
❻ 孟元老. 东京梦华录［M］. 王永宽，注译. 郑州：中州古籍出版社，2010：110.
❼ 孟元老. 东京梦华录［M］. 王永宽，注译. 郑州：中州古籍出版社，2010：193.
❽ 西湖老人. 西湖老人繁胜录［M］. 北京：中国商业出版社，1982：15.
❾ 杨万里. 诚斋诗集笺证［M］. 薛瑞生，校笺. 西安：三秦出版社，2011：1386.
❿ 姜夔. 白石道人集［M］. 南昌：江西美术出版社，2017：146.
⓫ 黄勇. 唐诗宋词全集［M］. 北京：北京燕山出版社，2007：3587.

花载路锦成堆。"❶《鹧鸪天·玉座临轩宴近臣》诗云："花似海，月如盆，不任宣劝醉醺醺。岂知头上宫花重，贪爱传柑遗细君。"❷这些优美的诗句，展现了沉浸在"花海"中的大宋王朝蓬勃气派的景象。"宋代簪花，举国若狂"，这种景象正是宋人细腻、文雅性格的流露。"簪花、戴花的宫廷礼仪影响整个社会风气。戴花簪花行动因人不同，因环境不同而富含不同的意味。多姿多彩的戴花行为说明了宫廷仪式影响社会风气的巨大作用和重要社会影响，反映出宋代礼乐制度与公众生活的融合和互动"❸宫中上层人物首服簪花的流行时尚之风如此炙热，可想而知宋代市民簪花是多么的普遍和流行，如《水浒传》中描写了多位簪花的人物形象：第十五回，阮小五"斜戴着一顶破头巾，鬓边插朵石榴花"❹；第四十四回，杨雄"鬓边爱插翠芙蓉"❺；第六十一回，燕青"腰间斜插名人扇，鬓畔常簪四季花"❻。

宋代承袭唐代的传统，设立教坊❼，宋初归宣徽院掌管，熙宁九年（公元1076年）改隶太常寺。教坊作为宋代宫廷中最正式的俗乐机构，代表了当时表演艺术的最高水平。北宋后期的教坊，除了教习歌舞等"雅乐"外，杂剧也包括在内。教坊的主体是乐工，其常被称为"乐人""乐伎""伶人""伶官"等，其中，"伶人"是以杂剧作为职业的一类人的统称。在两宋时期的教坊中，教坊使是最高长官，设一人管理。教坊使是两宋教坊中艺术表演能力和组织能力最强的人，并都由伶人担任。据孙伟刚、梁勉先生考证说，"宋代教坊使共有13位，其中10位任职于北宋时期，3位任职于南宋时期。这13位教坊使所据专长各不相同，有的知音，有的善舞，有的长于表演。但根据其专长都在技艺方面情况推断，他们的出身都应是伶人"❽。

教坊犹如古代的艺术演出机构，承担的主要任务是为皇家、朝廷的各种宴会表演与演奏等。宋人绘画作品《歌乐图》（图3-22）中生动地展现了一幅在宋代教坊中排练表演大曲的场景，"画中舞者可称其为俳优，应是两位女童"❾，她们头戴展角幞头簪花，左侧一人上身穿暗黄色交领窄袖长衫，腰部裹红色腹围，有垂带，下着长裙，双手成90°角打开状；右侧一人上身穿青色圆领窄袖短衫，下着长裙，有垂带，双手交叉于腹部前，二人舞姿娴熟

❶ 刘昌诗.芦浦笔记［M］.新1版.北京：中华书局，1985：56.
❷ 刘昌诗.芦浦笔记［M］.新1版.北京：中华书局，1985：56.
❸ 郑继猛.论宋代朝廷戴花、簪花礼仪对世风的影响［J］.西华师范大学学报（哲学社会科学版），2010（3）：11-14.
❹ 施耐庵，罗贯中.水浒全传［M］.上海：上海古籍出版社，1976：167.
❺ 施耐庵，罗贯中.水浒全传［M］.上海：上海古籍出版社，1976：556.
❻ 施耐庵，罗贯中.水浒全传［M］.上海：上海古籍出版社，1976：765.
❼ 唐玄宗时设立教坊专掌俗乐，对促进中国古代戏剧的发展与成熟起到重要作用.
❽ 孙伟刚，梁勉.大音希声：陕西古代音乐文物［M］.西安：陕西人民出版社，2016：265.
❾ 万千白.佚名《歌乐图》何以断代"南宋"？［J］.艺术市场，2018（3）：68-71.

优雅。其中，杂剧在教坊中占据重要的地位，宋吴自牧《梦粱录》卷二十记载："散乐传学教坊十三部，唯以杂剧为正色。旧教坊有筚篥部、大鼓部、拍板部。色有歌板色、琵琶色、筝色、方响色、笙色、龙笛色、头色管、舞旋色、杂剧色、参军等色。但色有色长、部有部头。"❶在宫廷教坊中演出的杂剧艺人，自然受到宫中此等首服簪花风气的影响。《梦粱录》卷三记载："须臾传旨追班，再坐后筵，赐宰臣百官及卫士殿侍伶人等花，各依品味簪花。"❷学者评论道："这种在特殊场合并特殊人群的首服式样，恰恰为伶人服饰所吸收，并被民间杂剧伶人广泛效仿，成为宋杂剧服饰的重要组成部分。"❸

图3-22 《歌乐图》局部

"两宋时期，杂剧的地位空前提高，既是宫廷大宴的重要表演项目，也是瓦舍勾栏最受欢迎的伎艺"❹，并且宋代教坊与民间演出的关系紧密，宫廷杂剧艺人与民间杂剧艺人频繁互动❺。宋代相关文献资料中记载了教坊与钧容直等宫廷中的杂剧艺人和瓦舍勾栏中的杂剧艺人相互演出交流的信息，具体表现为教坊艺人与民间艺人同台演出，民间艺人与教坊艺人互动，以及民间艺人承应宫廷演出三个方面。例如，宋孟元老《东京梦华录》卷五中"京瓦伎艺"条记载："教坊钧容直，每遇旬休按乐，亦许人观看。每遇内宴前一月，教坊内勾集弟子小儿，习队舞，作乐，杂剧节次。"❻《东京梦华录》卷六"元宵"条记载："教坊钧容直，露台弟子，更互杂剧。"❼其中，卷五又载"教坊减罢并温习❽，张翠盖、张

---

❶ 吴自牧. 梦粱录［M］. 北京：中国商业出版社，1982：176.

❷ 吴自牧. 梦粱录［M］. 北京：中国商业出版社，1982：16-17.

❸ 延保全. 宋杂剧演出的文物新证——陕西韩城北宋墓杂剧壁画考论［J］. 文艺研究，2009（11）：89-97.

❹ 薛瑞兆. 宋金戏剧史稿［M］. 北京：生活·读书·新知三联书店，2005：24.

❺ 胡明伟. 两宋宫廷杂剧与民间杂剧的对立与互动［J］. 南都学坛，2003，23（5）：48-55.

❻ 孟元老. 东京梦华录［M］. 王永宽，注译. 郑州：中州古籍出版社，2010：90.

❼ 孟元老. 东京梦华录［M］. 王永宽，注译. 郑州：中州古籍出版社，2010：107.

❽ 康保成先生在其文章中写道："'教坊减罢并温习'指的是宋钦宗'罢教坊额外人'之后教坊艺人在民间恢复演出。"康保成.《东京梦华录》"京瓦伎艺"标点商兑［J］. 文化遗产，2015（1）：38-41，157.

成，弟子薛子大、薛子小、俏枝儿、杨总惜、周寿、奴称心等"❶，其中薛子大、薛子小、杨总惜三人的形象正是前文所说四方宋代铭文杂剧砖雕（图3-13）中所刻画的形象，她们三人原是宫廷中的教坊杂剧艺人，现已作为"露台弟子"在民间演出。❷另外，宫廷杂剧艺人还经常到瓦舍勾栏中串演，如《东京梦华录》卷二"东角楼街巷"条记载，"街南桑家瓦子……里瓦子夜叉棚、象棚最大，可容数千人。自丁先现、王团子、张七圣辈，后来可有人于此作场"❸。

南宋时期，宫廷中的杂剧艺人和瓦舍勾栏中的杂剧艺人相互演出交流的现象也时常出现，据宋西湖老人《西湖老人繁胜录》记载，"惟北瓦大，有勾栏一十三座……背做蓬花棚，常是御前杂剧"❹。"御前杂剧"即宫廷杂剧。南宋初期罢省教坊后❺，"临时点集"❻民间艺人（所谓"市人"）进入宫廷演出，宫廷杂剧艺人与民间杂剧艺人同台演出，"成为宫廷与民间艺术相互交流及势力消长的关键因素之一"❼。这是因为"其一，教坊被罢以后，不少身怀绝技的宫廷艺人流落民间，为了糊口，只能卖艺、教乐为生，这对于民间艺术的发展起到了重要促进作用。其二，教坊虽废，但宫廷的乐舞和戏剧表演并未停止，遇有需要，往往和雇民间乐人承应；这些乐人多数水平有限，所以在入宫表演之前必须经过修内司教乐所'先两句教习'；当他们演毕出宫之后，伎艺肯定有所长进，而且将所学带走，这对于民间戏剧乐舞的发展同样有很大帮助"❽。

可以肯定，宋代教坊演出对民间的影响是深远的。❾那么，宫中首服簪花的演出时尚风气自然会被民间杂剧艺人所借鉴吸收，不断用于丰富自身表演服饰的种类。正如宋俊华先生所言，"宫廷与勾栏的同台演出，促使了宫廷与民间的演戏交流……使杂剧能够不断

---

❶ 孟元老. 东京梦华录［M］. 王永宽，注译. 郑州：中州古籍出版社，2010：89.

❷ 《东京梦华录》记载："后部乐作，诸军缴队杂剧一段，继而露台弟子杂剧一段。是时弟子萧住儿、丁都赛、薛子大、薛子小、杨揔惜、崔上寿之辈，后来者不足数。"孟元老. 东京梦华录［M］. 王永宽，注译. 郑州：中州古籍出版社，2010：134.

❸ 孟元老. 东京梦华录［M］. 王永宽，注译. 郑州：中州古籍出版社，2010：44.

❹ 西湖老人. 西湖老人繁胜录［M］. 北京：中国商业出版社，1982：16.

❺ 《宋史》卷一百四十二记载："高宗建炎初，省教坊。绍兴十四年复置，凡乐工四百六十人，以内侍充钤辖。绍兴末复省。"脱脱. 宋史［M］. 北京：中华书局，2000：2246.

❻ 《建炎以来朝野杂记·甲集》卷三记载："孝宗隆兴二年天申节，将用乐上寿。上曰：'一岁之间，只两宫诞外，余无所用，不知作何名色？'大臣皆言：'临时点集，不必置教坊。'上曰：'善。'乾道后，北使每岁两至，亦用乐，但呼市人使之……孝宗天资供俭每至此。"李心传. 建炎以来朝野杂记·甲集［M］. 北京：中华书局，2000：101.

❼ 黎国韬，岳俊丽. 两宋教坊"女弟子队"若干问题考［J］. 南大戏剧论丛，2018，14（2）：37-50.

❽ 黎国韬. 历代教坊制度沿革考——兼论其对戏剧之影响［J］. 文学遗产，2015（1）：121-135.

❾ 张影. 历代教坊与演剧［M］. 济南：齐鲁书社，2007：108.

从其他技艺中吸收营养来发展自身"❶。这种宋杂剧艺人首服簪花的流行时尚风气从宫廷到民间，从教坊到瓦舍勾栏的纵向移动，是瓦舍勾栏中的艺人模仿宫廷教坊中的艺人的行动。因为"模仿是流行时尚的重要媒体，是艺术的根源"❷。目前，有大量文物展示了宋杂剧艺人中首服簪花的形象，由此可以得出结论，民间杂剧艺人首服簪花实则受到宫廷杂剧艺人首服簪花的影响，同时也影射了宋人爱簪花的社会流行时尚风气，民间杂剧艺人首服簪花在勾栏瓦舍中演出也成为一种流行时尚。

三、宋与辽、金杂剧服饰吸收借鉴时尚之风

在中古10～13世纪这一段历史发展的进程中，辽、金政权与宋代政权并立。由于受到"号令法度，皆遵汉制"❸这一国策的影响，辽、金杂剧表演的传统也从中原继承而来。据《辽史·乐志》记载，"晋天福三年（公元938年），遣刘昫以伶官来归，辽有散乐，盖由此矣"，又载"今之散乐，俳优、歌舞杂进，往往汉乐府之遗声"❹。金人攻陷汴京时，"索内夫人、优倡及童贯、蔡京、梁师成、王黼家声乐……又索教坊伶人、百工技艺、诸色待诏等，开封府奉命而已"❺，"是日又取……诸般百戏一百人，教坊四百人……弟子帘前小唱二十人，杂戏一百五十人，舞旋弟子五十人"❻，其中以杂剧艺人居多。靖康二年（公元1127年），金人掳二帝（徽宗、钦宗）、后妃、宗室、内侍及倡优艺人等大批人员北归，导致宋代"皇后以下车辂、卤簿、冠服、礼器、法物，大乐、教坊乐器……内人、内侍、技艺、工匠、倡优，府库畜积，为之一空"❼。金人《宋俘记》中记载的被俘的人数更多，"既平赵宋，俘其妻孥三千余人，宗室男、妇四千余人，贵戚男、妇五千余人，诸色目三千余人，教坊三千余人"❽。由此可知，被金人掳去北方的大量人群中，杂剧艺人也占有很大比例。

宋代文献中记载了大量辽、金杂剧的演出活动，如宋邵伯温在《邵氏闻见录》卷十中记载，"云见虏主大宴群臣，伶人剧戏，作衣冠者，见物必攫取怀之"❾。《宋史·孔道辅

❶ 宋俊华. 中国古代戏剧服饰研究［M］. 广州：广东高等教育出版社，2003：39.

❷ 荻村昭典. 服装社会学概论［M］. 宫本朱，译. 北京：中国纺织出版社，2000：97.

❸ 脱脱. 辽史［M］. 北京：中华书局，2000：745.

❹ 脱脱. 辽史［M］. 北京：中华书局，2000：541.

❺ 朱易安，傅璇琮，周常林. 全宋笔记第4编（4）［M］. 郑州：大象出版社，2008：123.

❻ 徐梦莘. 三朝北盟会编［M］. 2版. 上海：上海古籍出版社，2008：587.

❼ 脱脱. 宋史［M］. 北京：中华书局，2000：291.

❽ 耐庵. 靖康稗史七种［M］. 台北：文海出版社，1980：115.

❾ 上海古籍出版社. 宋元笔记小说大观［M］. 上海：上海古籍出版社，2007：1761.

传》记载："奉使契丹……契丹宴使者，优人以文宣王为戏，道辅艴然径出。"❶宋宇文懋昭《大金国志》卷三十记载："伶人往日作杂剧，每装假官人，今日张太宰作假官家。"❷《契丹国志》卷八中记载兴宗皇帝"常夜宴，与刘四端兄弟、王纲入伶人乐队，命后妃易衣为女道士。后父萧磨只曰：'番汉官皆在此，后妃入戏，恐非所宜。'帝击磨只，败面，曰：'我尚为之，若女何人也'"❸。《金史·后妃传》中对章宗元妃李氏的记载为，"势位熏赫，与皇后侔矣。一日，章宗宴宫中，优人玳瑁头者戏于前。或问：'上国有何符瑞？'优曰：'汝不闻凤凰见乎？'曰：'知之，而未闻其详。'优曰：'其飞有四，所应亦异。若向上飞则风雨顺时，向下飞则五谷丰登，向外飞则四国来朝，向里飞（音同"李妃"）则加官进禄。'上笑而罢"❹。此外，金朝举行庆典活动时，常常"纵诸伶人百端以为戏乐"❺。

辽、金宫廷中设立的教坊特色鲜明，但也吸收借鉴了中原所设教坊的制度与规模❻，如《钦定续文献通考》卷一百零一中记载，"海陵天德二年正月，册两宫皇太后，用教坊乐……宫人女官之职，有司乐四人，典乐四人，掌乐四人，女史四人，掌音乐之事"❼。金代对隶属于宣徽院的教坊也设置了相应的官职，"提点，正五品。使，从五品。副使，从六品。判官，从八品。掌殿庭音乐，总判院事"❽，散乐"元日、圣诞称贺，曲宴外国使，则教坊奏之"❾。

由于辽、金与宋代的官方礼仪相同，教坊杂剧也在宴飨时演出。《辽史·乐志》"散乐"条记载："皇帝生辰乐次：酒一行，觱篥起，歌。酒二行，歌……食入，杂剧进……曲宴宋国使乐次：酒一行，觱篥起，歌。酒二行，歌……食入，杂剧进……"❿《金史》卷三十八记载："第四日……候押宴等初盏毕，乐声尽，坐。至五盏后食，六盏、七盏杂剧……至九盏下，酒毕，教坊退。"⓫

以上文献记载均说明了杂剧在辽、金时期大量演出的事实，以及杂剧的表演体制源于

❶ 脱脱. 宋史［M］. 北京：中华书局，2000：8017.
❷ 宇文懋昭. 大金国志［M］. 北京：商务印书馆，1936：223.
❸ 叶隆礼. 契丹国志［M］. 贾敬颜，林荣贵，点校. 上海：上海古籍出版社，1985：83.
❹ 脱脱. 金史［M］. 北京：中华书局，2000：1014.
❺ 宇文懋昭. 大金国志［M］. 北京：商务印书馆，1936：137.
❻ 黎国韬. 历代教坊制度沿革考——兼论其对戏剧之影响［J］. 文学遗产，2015（1）：121-136.
❼ 纪昀，等. 钦定续文献通考［M］. 文渊阁四库全书本：5.
❽ 脱脱. 金史［M］. 北京：中华书局，2000：838.
❾ 脱脱. 金史［M］. 北京：中华书局，2000：582.
❿ 脱脱. 辽史［M］. 北京：中华书局，2000：541-542.
⓫ 脱脱. 金史［M］. 北京：中华书局，2000：572.

宋杂剧。元陶宗仪在《南村辍耕录》"院本名目"条写道："唐有传奇，宋有戏曲、唱诨、词说，金有院本、杂剧、诸宫调。院本，杂剧，其实一也。国朝（元），院本、杂剧，始厘而二之。"❶王国维先生也说："辽金之杂剧院本，与唐宋之杂剧，结构全同。吾辈宁谓辽金之剧，皆自宋往，而宋之杂剧，不自辽金来。"❷此外，辽、金杂剧也继承了宋杂剧的滑稽调笑和优谏传统，宋与辽、金杂剧又被称为"滑稽剧"。

宋孟元老《东京梦华录》卷六"元旦朝会"条中记载了宋代正月初一举行大朝会的景象，各国使臣穿着本国特色鲜明的服饰入朝觐见，皇上让内侍赐给他们"汉装锦袄之类"❸。大朝会的举行进一步促进了各国之间服饰文化的交流，"然而服饰的传播与流行，又与物质生活进化、社会地位改变、审美爱美观念转移有关。当各民族间的交往、接触频繁展开之后，在衣着服饰上便会彼此吸取、扬弃、相互影响、相互仿效"❹。以宋人簪花习俗为例，簪花作为服饰文化的一部分，对辽、金也产生了重要的影响。《辽史·礼志》记载："皇帝起，入阁。引臣僚东西阶下殿，还幕次，内赐花。承受官引从人出，赐花，亦如之。簪花毕，引从人复两廊位立。"❺金张晞《大金集礼》卷二十三记载："随朝官差……如遇万春节筵会，并不合赴，又诸官司，每遇圣节赐宴，并服公裳。至席起，簪花者，仍戴至所居。"❻《钦定续文献通考》卷一百零一记载："别日，会群官，会妃主、宗室等，赐酒，设食，簪花，教坊奏乐。"❼《宋史·莫蒙传》记载："金庭锡宴，蒙以本朝忌日不敢簪花听乐，金遣人趣赴，蒙坚执不从，竟不能夺。"❽金元好问《辛亥九月末见菊》诗曰："鬓毛不属秋风管，更拣繁枝插帽檐。"❾

由上文可知，受到宋代簪花时尚风气的影响，辽、金文献中记载了大量与簪花相关的史实。另外，在图像方面，如关山辽墓四号墓墓道南壁壁画第二组（图3-23）、第三组人物（图3-24）的装束中也能见到时人簪花的形象，他们"均头戴黑色直角簪花幞头，身着圆领宽袖长袍、白色长裤，脚穿尖头系带麻鞋。相貌与神态各异，手中各持不同物品，徒步而行"❿。学者李红春从国家外交的角度表示，"国内的人簪花，国外也慕而簪之，簪

❶ 陶宗仪．南村辍耕录［M］．武克忠，尹贵友，校点．济南：齐鲁书社，2007：330.
❷ 王国维．王国维戏曲论文集［M］．北京：中国戏剧出版社，1984：112.
❸ 孟元老．东京梦华录［M］．王永宽，注译．郑州：中州古籍出版社，2010：103.
❹ 徐连达．辽金元社会与民俗文化［M］．上海：上海社会科学院出版社，2020：26.
❺ 脱脱．辽史［M］．北京：中华书局，2000：515.
❻ 张晞．大金集礼［M］．上海：商务印书馆，1936：206.
❼ 纪昀，等．钦定续文献通考［M］．文渊阁四库全书本：5.
❽ 脱脱．宋史［M］．北京：中华书局，2000：9424.
❾ 章必功．元好问暨金人诗传［M］．长春：吉林人民出版社，2000：235.
❿ 辽宁省文物考古研究所．关山辽墓［M］．北京：文物出版社，2011：26.

花关系到国家的尊严……宋朝所在的疆域是一个香气四溢的国度，宋朝所在的时代是一个花团锦簇的时代"❶。

图3-23 关山辽墓四号墓墓道南壁壁画第二组人物

图3-24 关山辽墓四号墓墓道南壁壁画第三组人物

此外，宋杂剧与辽、金杂剧的表演体制相同，同时又由于民族文化交流的加深，杂剧艺人所穿服饰自然会相互之间受到影响，"即文化碰撞的双方是双向的，既有输出，也有吸收。在服饰上表现为两个方面，一方面是本民族的传统服饰，吸收外来服饰的某些元素与本族服饰自然地融为一体，形成新的服饰发展风尚；另一方面就是一个民族的服饰，深

---

❶ 陈炎. 中国风尚史：隋唐五代宋辽金卷［M］. 济南：山东友谊出版社，2015：199.

刻影响了另一个民族服饰的发展"❶。例如，辽、金杂剧艺人的服饰沿袭了宋杂剧艺人首服
簪花的样式，再如辽代散乐中的伶官多是汉族人，衣花装曲脚幞头，其目的与宋代杂剧艺
人一样，都是为了美化角色的形象，使角色的装饰性进一步加强，因为"伶官歌舞伎需要
演出，幞头顶上饰花，双脚裁剪成各种优美的曲线，并加刺绣成为花脚，就更增加了装饰
趣味"❷。辽、金杂剧艺人幞头簪花的形象在现存辽、金杂剧图像中均能见到，如河北宣化
辽天庆六年（公元1116年）墓室壁画中《散乐图》（图3-25）中乐手戴的"簪花幞头"❸，
金代杖鼓伎乐人物砖雕（图3-26）中的伎乐人头戴簪花幞头，身穿圆领长袍，腰系革带，
足着靴。在山西省高平市西里门村发现的露台东侧前部金代杂剧图❹（图3-27）中，除了
右起手拿长竹竿子的参军色头戴展角幞头之外，其余九人均簪花（五位女艺人发髻簪花，
四位男艺人幞头簪花）。由此可见，金代杂剧艺人所穿演出服饰也是"服色鲜明，颇类中
朝"❺的。除此之外，辽、金戏剧艺人在演出中使用的幞头、四襻衫等服饰也源于中原汉
族戏剧服饰。

图3-25　辽代墓室壁画《散乐图》局部

---

❶ 徐蕊. 汉代服饰的考古学研究［M］. 郑州：大象出版社，2016：99.

❷ 王青煜. 辽代服饰［M］. 沈阳：辽宁画报出版社，2002：19.

❸《宋史》卷一百四十二记载："诨臣万岁乐队，衣紫绯绿罗宽衫，诨裹簇花幞头。"脱脱. 宋史
　［M］. 北京：中华书局，2000：2240.

❹ 景李虎，王福才，延保全. 金代乐舞杂剧石刻的新发现［J］. 文物，1991（12）：33-37.

❺ 徐梦莘. 三朝北盟会编［M］. 2版. 上海：上海古籍出版社，2008：146.

图3-26　金代杖鼓伎乐人物砖雕

图3-27　山西省高平市发现的金代杂剧图

综上所述，辽、金杂剧服饰体现了一种对宋杂剧服饰文化主动吸收兼容的态度，"他们逐渐地抛弃了原有的、简朴的、传统的习俗，而改服汉人时尚的服饰"❶。

同样地，辽、金时期的服饰也对宋人服饰产生了不可抗拒的影响。在《宋史·舆服志》中记载的多次被上层统治者禁止宋人所穿的服饰中，这些带有辽、金民族特色的服饰成为宋人眼中的时尚之物，所以多次被禁止穿着。正如杨孝鸿先生所说，"宋代是中华民族文化融合加速推进的一个时期，这种融合也使胡汉之间的交流充满了被动与主动、吸收与包容的文化现象。北方少数民族的服饰也曾一度成为中原地区的时尚"❷。杂剧艺人所穿的圆领袍衫、腰间系的革带、足穿的靴等服饰均受到异域服饰文化的影响。宋史绳祖在《学斋占毕》卷二中叹息道："饮食衣服，今皆变古。"❸除此之外，宋人服饰"今皆变古"

❶ 徐连达. 辽金元社会与民俗文化［M］. 上海：上海社会科学院出版社，2020：40.
❷ 杨孝鸿. 中国时尚文化史：宋元明卷［M］. 济南：山东画报出版社，2011：46.
❸ 史绳祖. 学斋占毕［M］. 新1版. 北京：中华书局，1985：21-23.

还表现在其他多个方面，如宋沈括《梦溪笔谈》记载，"中国衣冠，自北齐以来，乃全用胡服。窄袖绯绿短衣、长靿靴，有蹀躞带，皆胡服也"❶，又如《朱子语类》卷九十一"杂仪"条记载，"今世之服，大抵皆胡服，如上领衫……上领服非古服，看古贤如孔门弟子衣服如今道服，却有此意。古画也未有上领者，为是唐时人便服，此盖自唐初以杂五胡之服矣"❷。在《晦庵先生朱文公集》中也有相同的记载，"古今之制，祭祀用冕服，朝会用朝服，皆用直领垂之……今之上领公服，乃夷狄之戎服，自五胡之末流入中国，至隋炀帝时，巡游无度，乃令百官戎服从驾，而以紫、绯、绿三色为九品之别。本非先王之法服，亦非当时朝祭之正服也，今杂用之，亦以其便于事而不能改"❸。在宋代，袍、靴、带等服饰很少被一般的女子常穿，使用者大多为内廷女子及在宴乐时表演歌乐和杂剧的女子，如宋庄季裕《鸡肋编》记载，"女童乐四百，靴袍玉带，列排场下"❹。

另外，前文提到的四方宋代铭文杂剧砖雕中的丁都赛、薛子小和凹敛儿，三人膝下所着袜裤为吊敦，沈从文先生认为《打花鼓》绢画（图3-14）中左侧副净色膝下套有网状长筒之物与中国国家博物馆藏砖雕中的丁都赛膝下所着之物均是吊敦❺，这极大地引起了笔者的注意。吊敦"主要是便于冬季穿靴，棉袜与很细的裤脚相连，穿脱都很方便。因此，它不但是契丹人所喜欢穿着的裤子，也受到了周边其他民族的欢迎，如在黑龙江阿城金齐国王墓中也有此形制的裤出土"❻，它是辽、金时期极为流行的服饰。宋杂剧艺人穿吊敦演出进一步印证了宋与辽、金民族文化交融下，杂剧服饰相互吸收借鉴的观点。

沈从文先生认为，"吊敦来自契丹、女真风俗"❼。《宋史·舆服志》记载："钓墩今亦谓之袜裤，妇人之服也。"❽"钓墩"又作"吊墩"❾，吊敦为"妇女的一种胫衣，形似袜祂，无腰无裆，左右各一。着时紧束于胫，上达于膝，下及于踝。初于契丹族妇女，北宋时期传至中原"❿。宋孟元老《东京梦华录》"驾登宝津楼诸军呈百戏"条载："女童皆妙龄翘楚，结束如男子，短顶头巾，各着杂色锦绣捻金丝番段窄袍，红绿吊敦束带……"⓫可见

---

❶ 沈括. 梦溪笔谈［M］. 施适，校点. 上海：上海古籍出版社，2015：3.
❷ 黄士毅. 朱子语类［M］. 徐时仪，杨艳，汇校. 上海：上海古籍出版社，2014：2334.
❸ 朱熹. 晦庵先生朱文公文集［M］. 上海：上海书店，1989：1271.
❹ 庄季裕. 鸡肋编［M］. 新1版. 北京：中华书局，1985：49.
❺ 沈从文. 中国古代服饰研究［M］. 北京：商务印书馆，2011：508.
❻ 王青煜. 辽代服饰［M］. 沈阳：辽宁画报出版社，2002：36.
❼ 沈从文. 中国古代服饰研究［M］. 北京：商务印书馆，2011：506，508.
❽ 脱脱. 宋史［M］. 北京：中华书局，2000：2391.
❾ 孟元老. 东京梦华录［M］. 王永宽，注译. 郑州：中州古籍出版社，2010：102.
❿ 周汛，高春明. 中国衣冠服饰大辞典［M］. 上海：上海辞书出版社，1996：276.
⓫ 孟元老. 东京梦华录［M］. 王永宽，注译. 郑州：中州古籍出版社，2010：134-135.

吊敦在宋杂剧演出中已相当流行。程雅娟认为，"吊敦则是作为宋金杂剧中'女扮男相'的行头。作为戏剧服饰的吊敦本身的演变过程亦充满了'戏剧性'"❶。

为了防止士庶阶层被外来文化（包括其民族服饰）同化，宋代屡次下令禁止仿效辽、金人的衣冠和装饰。如宋吴曾《能改斋漫录》卷十三"诏禁外制衣装"条记载，"大观四年（公元1110年）十二月诏：'京城内近日有衣装，杂以外裔形制之人，以戴毡笠子、着战袍、系番束带之类，开封府宜严行禁止'"❷。宋人范成大于乾道六年（公元1170年）出使金国，他发现在此地生活的汉族人的衣装风俗已经深受女真族（今满族）影响，他在《揽辔录》中写道："民亦久习胡俗，态度嗜好，与之俱化，最甚者衣装之类，其制尽为胡矣。自过淮以北皆然，而京师尤甚。"❸从这些史料中可以看出，当时法律规定也难挡这种民族之间服饰文化的交融之势。

吊敦并非中原传统服饰，但在宋杂剧演出中相当流行。在宋代两次颁布的胡服禁令中对吊敦均有禁止：北宋政和七年正月五日（公元1117年）所颁布的"杂服"禁令规定"禁止杂服若毡笠钓墩之类御笔"❹，并且早在仁宗庆历八年（公元1048年），就有"诏禁士庶效契丹服及乘骑鞍辔、妇人衣铜绿兔褐之类"❺的禁令。可见吊敦在宋人的日常生活中是多么的流行。但禁令虽下，不限制优人，"宋代并非完全禁止吊敦，戏剧表演则不在所禁之列"❻。宋代、金代、元代的法律都明确提出，"伎乐承应公事，诸凡皆着不受法令限制"❼。但是对优人的日常服饰有着严格的等级规定，不可僭越，而上台穿戏装则另论，可以按剧中人物身份穿戴❽。《金史·舆服志》记载："倡优遇迎接，公筵承应，许暂服绘画之服，其私服与庶人同。"❾此后，在《元史·舆服志》中也有相似的记载，"诸乐艺人等服用，与庶人同。凡承应妆扮之物，不拘上例"❿。正如沈从文先生关于历代服饰禁令所说，"对于一般社会则以为非中原传统，即近奇装异服，迹近招摇"，又说吊敦用法律限制"是怕当时上层社会普遍受影响，事实上已受一定影响，所以一再禁止。至于演剧艺人，即在皇帝面前演

❶ 程雅娟. 从匈奴铁马骑装至东洋雅乐舞服——古代服饰"吊敦"的传奇发展史［J］. 南京艺术学院学报（美术与设计），2015（4）：29-35，205.

❷ 吴曾. 能改斋漫录（上）［M］. 上海：上海古籍出版社，1979：383.

❸ 范成大. 揽辔录［M］. 北京：中华书局，1985：2.

❹ 司义祖. 宋大诏令集［M］. 北京：中华书局，1962：738.

❺ 脱脱. 宋史［M］. 北京：中华书局，2000：2390.

❻ 王雪莉. 宋代服饰制度研究［M］. 杭州：杭州出版社，2007：163.

❼ 沈从文. 中国古代服饰研究［M］. 北京：商务印书馆，2011：509.

❽ 廖奔. 宋元戏曲文物与民俗［M］. 北京：中国戏剧出版社，2016：266.

❾ 脱脱. 金史［M］. 北京：中华书局，2000：650.

❿ 宋濂. 元史［M］. 北京：中华书局，2000：1292.

出时，这么穿着，却令开心写意，不算违法犯禁的"**❶**。所以，宋杂剧艺人依旧多穿吊敦演出。由于受到战争的影响，虽然宋代与辽、金在政治、经济等规定中禁令颇多，但双方文化交融之势不可抗拒，这种文化交融之势也无疑对宋杂剧服饰产生了重要的影响，使中国传统戏剧服饰种类不断丰富，进一步推动了中国传统戏剧服饰向成熟的方向发展。

　　1988年，黑龙江省哈尔滨市阿城区巨源乡金代齐国王墓出土了绛绢锦吊敦（图3-28）、棕黄小朵暗花罗锦吊敦（图3-29）。据出土简报描述**❷**，这两件吊敦均为女子服用，如果仔细观察其形制，则发现其与同墓出土的绿绢绵（图3-30）、黄地小杂梅金锦夹（图3-31）两对男子吊敦有所不同：相同点在于，"男女吊敦均是吊系下腹前侧，故所谓'吊敦'，亦当有体现其吊系之意"**❸**；不同点则在于，"结构上，为了使腿部形成上宽下窄的造型，男子的吊敦在裤筒的上部嵌入三角形布片，而女式吊敦则在裤筒近脚踝处抽褶，然后再与袜子接缝"**❹**。由此可知，在宋代日常生活中，男女吊敦的形制不同，所以《宋史·舆服志》中记载"钓墩"为妇人之服，其说法有误。与宋人日常生活中男女所穿吊敦相比，杂剧艺人穿着吊敦演出则存在"性别混穿"的现象。宋杂剧演出不会考虑所扮演角色在特定时间和特定地点的穿着形象。这种和日常生活服饰相比穿着的混乱性至关重要，因为如实地再现历史是不可能的，而且会危及戏剧艺术**❺**。

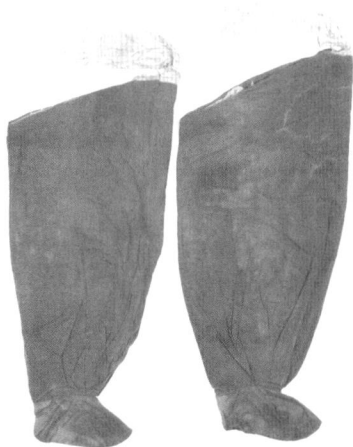

图3-28　女子绛绢锦吊敦　　　　　　图3-29　女子棕黄小朵暗花罗锦吊敦

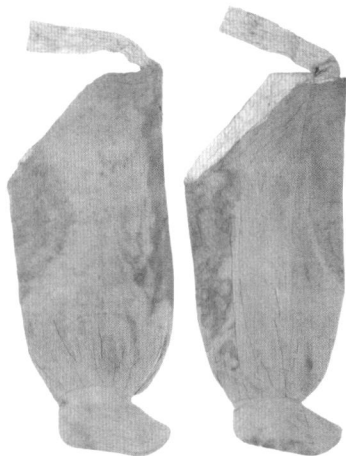

---

❶ 沈从文.中国古代服饰研究[M].北京：商务印书馆，2011：509.

❷ 朱国忱.关于金齐国王墓的考古发掘[J].东北史地，2008（2）：2-10，99-108，97-98.

❸ 赵评春，迟本毅.金代服饰：金齐国王墓出土服饰研究[M].北京：文物出版社，1998：33.

❹ 李艳红.金代民族服饰的区域性研究[M].北京：中国纺织出版社，2017：163.

❺ 理查德·桑内特.公共人的衰落[M].李继宏，译.上海：上海译文出版社，2008：88.

图3-30 男子绿绢绵吊敦

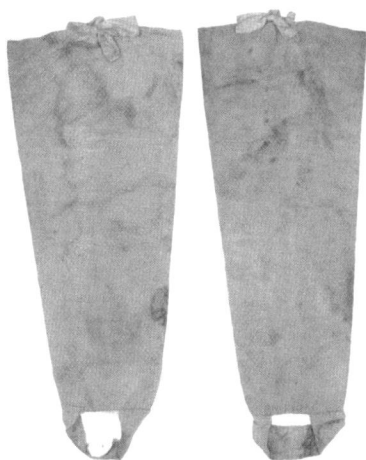

图3-31 男子黄地小杂梅金锦夹吊敦

总的来说，宋代是一个商品经济发达的时期，产生了中国戏剧史上成熟的戏剧形式，并出现了一种崭新的精神文化生活。由于商品经济的繁荣、市民阶层的不断壮大以及与多民族文化交融的推动，宋代社会风气发生了巨大的转变。宋杂剧艺人所穿"时装"同时在宫廷中和瓦舍勾栏的舞台上演出，自然会受到宋代社会中的流行时尚之风的影响。通过探讨宋杂剧服饰所反映的女扮男装演出现象和首服簪花的风气，以及宋与辽、金杂剧服饰之间的吸收借鉴等几个与宋代社会时尚风气相关的问题，可见宋代戏剧服饰与时尚风气的形成受到了性别、社会、民族等多方面因素的影响。从某种角度说，今天中国戏剧舞台上艺人穿着戏服时雅致而时尚的韵味，实际上在宋代戏剧服饰中已初露端倪。

第四章

传统服饰与
名物研究

第一节

"诨裹"考辩

从唐代的参军戏发展到宋代的杂剧，戏剧的演出结构、脚色行当、服饰均发生了变化。在首服方面，唐代参军戏首服幞头源于唐人的日常生活服饰，正所谓艺术源于生活，而宋杂剧首服"诨裹"，经过了艺术性的夸张、变形处理，成为固定脚色特有的首服形制，又体现了艺术高于生活的特征。宋杂剧艺人所使用的首服诨裹在中国戏剧服饰史上具有独特的面貌和重要地位，但迄今为止，这种首服形制尚未引起学者的足够重视，本节尝试追溯其源流及其流行原因。

宋人周南在《山房集·刘先生传》中描写"打野呵"的杂剧艺人时写道："市南有不逞者三人，女伴二人，莫知其为弟兄妻姒也，以谑丐钱。市人曰：'是杂剧者。'又曰：'伶之类也。'每会聚之冲要阓咽之市、官府之旁、迎神之所，画为场，恣旁观者笑之，自一钱以上皆取焉，然独不能鉴空。其所仿效者，讥切者，语言之乖异者，巾绩之诡异者，步趋之伛偻者，兀者，跛者。其为戏之所，人识而众笑之。"❶这段描写中提到的杂剧艺人头上所戴的"巾绩之诡异"指的就是首服诨裹。

宋杂剧艺人所使用的诨裹具体是什么呢？对此，沈从文、周锡保、黄竹三先生在他们的著作中都曾提及，但仅限于几句话的描述。沈从文先生认为，"宋人所谓'诨裹'，多指巾子结束草草，不拘定例"❷；周锡保先生认为，"诨裹亦是头巾一类的东西，大多为教坊、诸杂剧人所戴用……一般人则是不用的"❸；黄竹三先生则认为，"至宋金杂剧院本，演员更喜欢戴结成各种滑稽形状的头巾——诨裹，有三角形的，尖顶的，高耸的……总之，无奇不有"❹。至于首服诨裹的用途、佩戴脚色、流行原因等相关问题，并没有讨论，至今仍不清楚。学者谭融在其《〈眼药酸〉绢画中的人物服饰研究》一文中认为，《眼药酸》杂

❶ 叶德均. 叶德均学术文选［M］. 昆明：云南大学出版社，2016：175.

❷ 沈从文. 中国古代服饰研究［M］. 北京：商务印书馆，2011：525.

❸ 周锡保. 中国古代服饰史［M］. 北京：中国戏剧出版社，1984：266.

❹ 黄竹三. 戏曲文物研究散论［M］. 北京：文化艺术出版社，1998：80.

剧绢画中"副末色扮演的是调笑打诨的角色，此人头戴缠头"[1]。笔者认为其观点有误，由于使用对象不同，"缠头"与"诨裹"实则是两种不同的首服。"缠头"是指古代歌舞艺人把锦帛缠在头上作装饰，宋李昉《太平御览》卷八百一十五引《唐书》曰："旧俗，赏歌舞人，以锦彩置之头上，谓之缠头。"[2]从现存实物图像中也可看出"缠头"的使用对象为歌舞艺人，如河南修武曹平陵县石棺大曲石刻（图4-1）中处于中间位置的歌舞艺人头上所戴之物即缠头[3]，其头部微扬，左腿抬起，舞蹈动作轻快。缠裹在艺人头上并系结下垂的布帛，随着优美的舞姿微微扬起。

图4-1　河南修武曹平陵县石棺大曲石刻

宋代歌舞艺人所使用的缠头源于唐代、五代时期的歌舞艺人，在唐代、五代时期的图像中，缠头的形制清晰可见，如晚唐莫高窟第156窟《张议潮统军出行图》中"八人对舞"的场景（图4-2），其中下排的四名舞伎身穿红、蓝等颜色的长袖舞服，长长的彩色布帛从额前缠裹到脑后，并系结，下垂至小腿部位。五代王处直墓石刻《散乐图》（图4-3）中的二人双腿弯曲，双臂向前摆动，似正在作舞蹈表演。笔者认为，二人帽子下所垂之物即是"缠头"，只是布帛在头部缠裹、打结的部分被帽子盖住罢了，但布帛长度比《张议潮统军出行图》中舞伎使用的较短。由此可知，"缠头"与"诨裹"的形制以及使用对象都存在差异。

---

[1] 谭融.《眼药酸》绢画中的人物服饰研究［J］. 艺术设计研究，2017（3）：40-44.

[2] 李昉. 太平御览［M］. 北京：中华书局，1960：3623.

[3] 廖奔先生认为，"金大曲承宋而来，图中所绘应该即是金人演出宋代大曲《小石调·嘉庆乐》的场景"。由此可见，宋代歌舞艺人首服"缠头"的形制即是如此。廖奔. 廖奔文存1［M］. 郑州：大象出版社，2019：240.

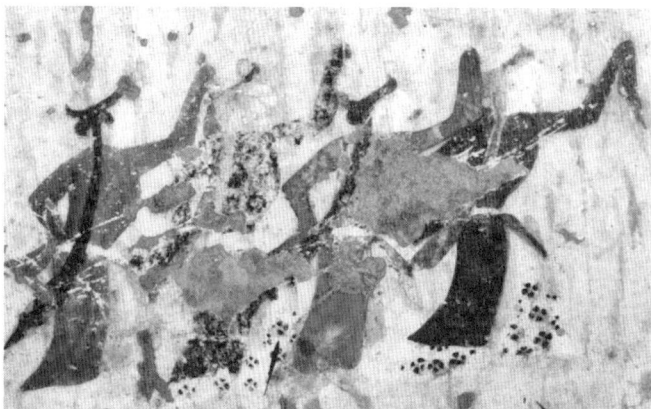

图4-2 《张议潮统军出行图》局部

图4-3 五代王处直墓石刻《散乐图》局部

宋灌圃耐得翁《都城纪胜》"瓦舍众伎"条记载："散乐，传学教坊十三部，惟以杂剧为正色。旧教坊有筚篥部、大鼓部、杖鼓部、拍板色、笛色、琵琶色、筝色、方响色、笙色、舞旋色、歌板色、杂剧色、参军色……杂剧部又戴诨裹，其余只是帽子、幞头。"❶从文献记载中明确可知，有宋一代，歌舞、杂剧艺人各自独立成部，"诨裹"在教坊十三部中，是唯一能在杂剧部中使用的首服，其余部门只能使用帽子、幞头。

由此可以看出，目前学术界对于宋杂剧艺人所使用的首服"诨裹"在认知上存在较多争议。基于此，笔者将对"诨裹"进行深入探讨，详细论述如下。

一、"诨裹"初见

所谓"诨裹"，与市民日常生活中的首服不同，它的产生主要是由宋杂剧的表演形式所致。王国维先生认为，"宋人杂剧，固纯以诙谐为主，与唐之滑稽剧无异"❷。可见诨裹的出现是为了宋杂剧演出的需要，艺人别出心裁，把巾子随意加工，缠裹成各种滑稽样式以达到逗乐取笑观众的目的，同时，宋杂剧艺人头戴诨裹可以增加人物造型的滑稽调笑特征，进一步推动戏剧情节的展开。

宋代以前的文献和出土文物中均不见戏剧艺人佩戴诨裹的形象，到了宋代，与首服诨裹相关的文献与出土文物大量出现，说明它在当时的演出中经常被使用，并且宋杂剧相关文物中的副净色或副末色头戴诨裹的数量不算少。

---

❶ 灌圃耐得翁. 都城纪胜[M]. 北京：中国商业出版社，1982：8-9.
❷ 王国维. 宋元戏曲史[M]. 北京：研究出版社，2017：29.

宋代文献中对诨裹也有多次提及，如宋吴自牧《梦粱录》卷三"宰执亲王南班百官入内上寿赐宴"条中记载，"上公称寿，率以尚书执注碗斟酒进上，其教乐所色长二人，上殿于阑干边立，皆诨裹紫宽袍，金带，黄义襕，谓之'看盏'……诸杂剧色皆诨裹，各服本色紫、绯、绿宽衫，义襕，镀金带"❶。《宋史·乐志》记载宫廷小儿队伍中"诨臣万岁乐队"的服饰穿戴为"衣紫绯绿罗宽衫，诨裹簇花幞头"❷。由此可见，诨裹是宋杂剧艺人特有的首服。在宋代杭州的市行中，既有枕冠市、麻布行、幞头笼、衣绢市等市民日常生活中所需的售卖服饰的铺席，同时又有杂剧艺人在演出中所需做诨裹的铺席❸，这说明做诨裹的铺席在当时杭州的市行中也占据一定的地位。

有宋一代，杂剧艺人使用诨裹的现象较为普遍，在现存的宋代图像中也常见此类形象，如著名的杂剧女艺人丁都赛将巾子偏向右侧裹扎，呈一脚下垂状的形象（图4-4）；《眼药酸》绢画中右侧的副末色头巾朝天裹缚，用麻绳草草结扎（图4-5）；河南省荥阳市东槐西村北宋石棺杂剧线刻图中的右起第二人（图4-6）、河南省焦作市温县博物馆藏宋杂剧砖雕中的右起第二人（图4-7），以及河南省禹州市白沙宋墓杂剧砖雕中的右起第一人（图4-8）均将巾子缠裹成独脚斜挑式；河南省偃师区酒流沟水库宋墓杂剧砖雕中的左起第三人头巾向后裹，簪花枝，成为脑后簪花的样式（图4-9）；河南省焦作市温县前东南王村宋墓杂剧砖雕中的右起第二人巾子草草裹扎偏向头一侧（图4-10）；河南省洛阳市新安县北宋宋四郎墓杂剧壁画中的左起第一人❹（图4-11）;《打花鼓》绢画（图3-14）中

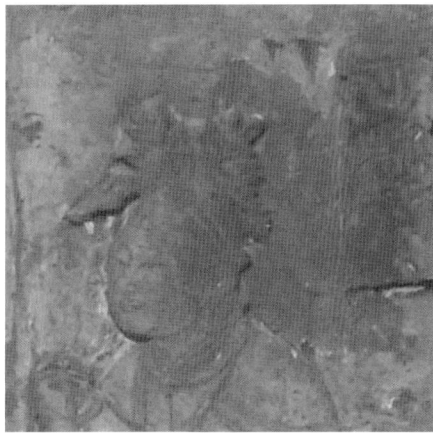

图4-4 丁都赛杂剧砖雕局部

---

❶ 吴自牧. 梦粱录[M]. 北京：中国商业出版社，1982：15.

❷ 脱脱. 宋史[M]. 北京：中华书局，2000：2240.

❸ 西湖老人. 西湖老人繁胜录[M]. 北京：中国商业出版社，1982：18-19.

❹ 目前学术界把河南新安北宋宋四郎墓杂剧壁画左起第一人头上所戴的首服称为"尖顶冠"，除此之外，宋代杂剧艺人戴此种类型的首服还见于荥阳槐西村朱氏墓石棺杂剧线刻、洛宁县宋代杂剧砖雕图和陕西韩城盘乐村宋墓壁画杂剧图中。如果我们仔细观察，发现四人所戴的首服的形制都不一样。笔者认为其应是为了演出的需要，模仿北方契丹民族的首服样式进行了二次加工创作，也应属于"诨裹"一类。因为"尖顶冠"在古代的首服中一般为等级较高的阶层所戴，如北宋佚名绘《番骑图》中，即有东丹王头戴尖顶金冠的形象。杂剧艺人地位低下，其戴的首服应是模仿"尖顶冠"的形制，从而形成适用于宋杂剧表演的首服"诨裹"，目的是增加人物造型的诙谐特征。

左侧的副净色巾子结扎，两巾脚垂向两侧，一巾脚朝天（图4-12）；陕西省韩城市盘乐村
宋墓壁画杂剧图（图4-13）中的左起第二人巾子扁平，上有一尖角，第三人巾子裹成尖
顶形状，犹如两片叠加的花瓣……这些图像中的人物佩戴的都是诨裹，为我们展示了诨
裹的不同缠裹方式。这样就更加印证了首服的内涵：首服诨裹是一种统称，它的含义是由
于裹法不同从而形成的各式各样的滑稽头巾，使杂剧艺人所扮演的人物角色在演出的过程
中更加滑稽逗乐。宋代杂剧演出中经常使用的首服诨裹来自宋代日常生活中的巾、幞头❶，
如文献记载，"故事，用全幅皂而向后幞发，俗人谓之幞头。自周武帝裁为四脚，今通于贵
贱矣"❷。巾、幞头形制历代均有变化，而有宋一代，首服幞头的样式尤其繁多，宋人沈括在

图4-5 《眼药酸》绢画局部

图4-6 河南省荥阳市东槐西村北宋石棺杂剧线刻图局部

图4-7 河南省焦作市温县博物馆藏宋杂剧砖雕局部

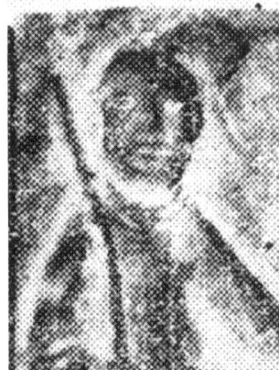

图4-8 河南省禹州市白沙宋墓杂剧砖雕局部

图4-9 河南省偃师区酒流沟水库宋墓杂剧砖雕拓本局部

图4-10 河南省焦作市温县前东南王村宋墓杂剧砖雕拓本

---

❶ 笔者在此处提及的宋代日常生活中的幞头实则由隋唐以来的首服幞头演变而来。
❷ 魏徵. 隋书［M］. 北京：中华书局，2000：186.

图4-11　河南省洛阳市新安县北宋宋四郎墓杂
剧壁画

图4-12　《打花鼓》绢画局部

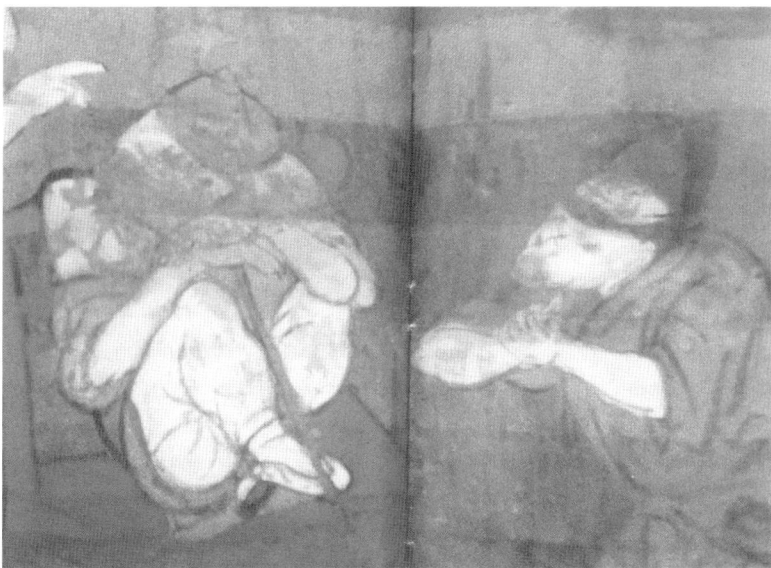

图4-13　陕西省韩城市盘乐村宋墓壁画杂剧图局部

《梦溪笔谈》中提到了直脚、局脚、交脚、朝天、顺风等形制。❶

宋人张炎在《蝶恋花·题未色褚仲良写真》中写道："济楚衣裳眉日秀。活脱梨园，子弟家声旧。诨砌随机开笑口。筵前戏谏从来有。戛玉敲金裁锦绣。引得传情，恼得娇娥瘦。离合悲欢成正偶。明珠一颗盘中走。"❷从这首词中可以看出作者对宋杂剧艺人的赞

---

❶ 沈括. 梦溪笔谈［M］. 施适，校点. 上海：上海古籍出版社，2015：3.

❷ 张炎. 山中白云词［M］. 吴则虞，校辑. 北京：中华书局，1983：98.

美，词中的"诨砌"包括脚色所佩戴的诨裹以及插科打诨所需的道具，"诨砌随即开笑口"正体现出宋杂剧的表演形式具有滑稽逗乐的特征，杂剧艺人头戴诨裹的目的是进一步为演出的效果服务。

宋杂剧艺人的诨裹受到了宋代市民日常生活中的首服巾、幞头的影响，虽然两者大致相同，但是在具体的细节以及穿戴方式上仍存在差异。康保成先生认为诨裹是一种样式，与宋人的头巾不同，他表示，"包诨裹的头巾本身就很特殊。南宋《西湖老人繁胜录》'诸市行'有'做诨裹'一目。如果说'诨裹'仅仅是包出一个滑稽的样式，头巾本身无甚特殊，那就无须专门制作、贩卖了。所以，诨裹应是用特殊样式的头巾包出的怪异、可笑的样式"❶。服饰有其自身的发展规律，历朝历代均有特色鲜明的"新服饰"，但是这些"新服饰"都是在原有服饰形制基础上的进一步发展而产生的，并不是突然出现的。所以首服"诨裹"应是在宋人日常生活服饰——巾子、幞头的基础上发展而来，并不是"用特殊样式的头巾包出的怪异、可笑的样式"。至于南宋《西湖老人繁胜录》"诸市行"中有"做诨裹"一目，应是在这种铺席中售卖的首服"诨裹"已经被店家提前制作完成，且其缠裹方式与宋人的首服巾、幞头的形制有别，专为杂剧艺人服务和使用，因为杂剧艺术在宋代的市井生活中占据重要的位置，杂剧艺人在表演时需求量很大，所以才会出现这种做诨裹的铺席。造成这种现象的原因是：杂剧服饰需要具有使观众可以根据现实生活中所着服饰的惯例对杂剧艺人脚色做出识别和判断的功能，据宋孟元老《东京梦华录》记载，"其士农工商，诸行百户，衣装各有本色"❷，但作为表演服饰，应更加注意的是杂剧艺人装扮诙谐、幽默的特征，突出调笑戏弄的特点，以增加杂剧表演时的张力。

二、"诨裹"之"色"❸

"杂剧"一词在中唐已经出现❹，它是指具有一定演出体制和角色体制的滑稽表演形式。宋吴自牧《梦粱录》中写道："且谓杂剧中末泥为长，每一场四人或五人。先做寻常熟事一段，名曰'艳段'。次做正杂剧、通名两段。末泥色主张，引戏色分付，副净色发

❶ 康保成. 海内外中国戏剧史家自选集：康保成卷[M]. 郑州：大象出版社，2018：241-242.
❷ 孟元老. 东京梦华录[M]. 王永宽，注译. 郑州：中州古籍出版社，2010：87.
❸ 此处笔者提到的"色"是指在表演中使用首服"诨裹"的角色。
❹ 刘晓明. 杂剧起源新论[J]. 中国社会科学，2000（3）：146-156，206.

乔，副末色打诨。或添一人，名曰'装孤'……大抵全以故事，务在滑稽唱念……"❶从文献记载中可以大致了解宋杂剧演出时的角色及人数。由于宋杂剧表演形式以滑稽逗乐为主，所以副末色和副净色在宋杂剧的表演中具有至关重要的地位，学者们对此也发表了看法。王国维先生认为，"至他种杂剧，虽不知如何，然谓副净、副末二色，为古剧中最重之角色，无不可也"❷，黄竹三先生认为，"从总体看，滑稽调谑表演在宋杂剧里确占极大比重，'副净'与'副末'是主要的角色"❸。廖奔先生则表示，"主唱角色副末，在整个舞台画面中占据了最为突出的地位，其余演员皆如众星捧月一般将其环绕"❹，他同时还指出，"行当制是中国戏剧独特艺术精神的特征之一，其奠基则起自宋杂剧"❺。首服"诨裹"使用的固定角色为宋杂剧中的副末色或副净色，二人通过插科打诨的表演，加强了杂剧的幽默诙谐气氛，诨裹在表演中自然起到了锦上添花的作用。

宋承唐制，自唐代戏剧演出以来，艺人已经穿上了与戏中角色身份相符合的服饰，如中国国家博物馆藏唐代参军戏俑（图2-1），二人头戴幞头，身着圆领窄袖绿色长袍，腰系带，足穿靴，双手相交于胸前，作表演状。从前文可知，在唐代参军戏表演中有两个脚色，参军和苍鹘。参军戏中的脚色扮演的是唐代的官员角色，所以艺人着绿衣，已近成定制。从前文的解读中也可以看出，参军戏服饰源于唐代官员日常生活服饰，首服幞头自然也不例外，已经形成了戏剧服饰的程式化特征❻。正如宋俊华先生所言，"唐代参军戏的表演以滑稽见长，其中人物装扮多属写实，即仿照现实人物的常服样式进行装扮"❼。

元陶宗仪在《南村辍耕录》中写道："一曰副净，古谓之参军。一曰副末，古谓之苍鹘，鹘能击禽鸟，末可打副净。"❽由此可知，宋杂剧表演中的两个角色均由唐代参军戏中的脚色发展而来，即副末色来自苍鹘，副净色来自参军，副末色和副净色的表演形式也和参军、苍鹘相似，均以滑稽调笑的表演形式为主，据明汤舜民《新建勾栏教坊求赞》散曲记载，"付末色说前朝，论后代，演长篇，歌短句，江河口颊随机变。付净色腆器旁，张怪脸，发乔科，店冷诨，立木形骸与世违。要採每末东风先报花消息"❾。

❶ 吴自牧. 梦粱录［M］. 北京：中国商业出版社，1982：177.
❷ 王国维. 宋元戏曲史［M］. 北京：研究出版社，2017：71.
❸ 黄竹三. 戏曲文物研究散论［M］. 北京：文化艺术出版社，1998：75.
❹ 廖奔. 中国戏剧图史［M］. 北京：人民文学出版社，2012：58.
❺ 廖奔. 中国戏剧图史［M］. 北京：人民文学出版社，2012：53.
❻ 张彬. 国家博物馆藏唐代参军戏俑人物服饰研究［J］. 装饰，2018（10）：86-89.
❼ 宋俊华. 中国古代戏剧服饰研究［M］. 广州：广东高等教育出版社，2003：28.
❽ 陶宗仪. 南村辍耕录［M］. 武克忠，尹贵友，校点. 济南：齐鲁书社，2007：330.
❾ 隋树森. 全元散曲［M］. 北京：中华书局，1964：1496.

副净色与副末色在首服穿戴上，既承袭了唐代参军戏中参军、苍鹘首服幞头的特点，但又经过了高度的艺术化处理，首服"诨裹"成为宋杂剧中副净色与副末色特有的首服形制。

三、"诨裹"之"诨"

说到"诨"，会让人联想到宋杂剧演出中副末色与副净色的谐谑之语，明徐渭《南词叙录》定义其为"诨，于唱白之际，出一可笑之语以诱坐客，如水之浑浑也。切忌乡音"❶。周到先生指出，"诨，本为诙谐幽默的语言，作滑稽意，副末、副净色头上的软巾裹得逗人发笑"❷。首服诨裹作为一种滑稽巾子，自然和"诨"产生了密切的关系。从文献记载与出土宋杂剧相关文物来看，宋杂剧中的副净色大多是头戴诨裹或滑稽帽子，与之相配合的副末色也是如此，二人的首服装扮与插科打诨的表演相得益彰。

首服诨裹成为杂剧中"诨"最直观的外在表现，与宋人对杂剧的喜爱及其表演形式有关。有宋一代，宋人的日常生活发生了极大的变化，夜禁废弛，坊制破坏，城市加速繁荣，催生了士大夫有闲阶级和市民阶层的迅速壮大以及通俗文艺与市井艺术的蓬勃发展，上自帝王，下至平民，都表现出对杂剧的喜爱。在《宋史》中有相关记载，"宋太宗、真宗、仁宗皇帝皆洞晓音律，自己能度曲，或撰写杂词"❸。宋周邦彦《汴都赋》曰："上方欲与百姓同乐，大开苑囿，凡黄屋之所息，鸾辂之所驻，皆得穷观而极赏，命有司无得弹劾也。"❹在民间的瓦舍勾栏杂剧演出中，往往也是万人空巷，"不以风雨寒暑，诸棚看人，日日如是"❺。正所谓"与民同乐"，统治者和人民群众对宋杂剧的喜爱成为其繁荣发展的重要原因。

宋杂剧主要以滑稽逗乐的表演形式为主，服饰作为人身体最直观的外在身份、地位、职业的表现，首服"诨裹"自然成为在这种表演形式中不可缺少的"诨砌"。宋杂剧的表演形式和宋人对杂剧的喜爱是首服"诨裹"出现与发展的催化剂。王国维先生的《宋元戏曲史》认为，"宋辽金三朝之滑稽剧……宋人亦谓之杂剧，或谓之杂戏……宋人杂剧，故

❶ 徐渭. 南词叙录注释［M］. 李复波，熊澄宇，注释. 北京：中国戏剧出版社，1989：90.
❷ 周到. 汉画与戏曲文物［M］. 郑州：中州古籍出版社，1992：144.
❸ 脱脱. 宋史［M］. 北京：中华书局，2000：2241，2244.
❹ 周邦彦. 清真集笺注［M］. 罗忼烈，笺注. 上海：上海古籍出版社，2008：457.
❺ 孟元老. 东京梦华录［M］. 王永宽，注译. 郑州：中州古籍出版社，2010：90.

纯以诙谐为主"❶。在宋人的诸多文献中，均有对杂剧表演形式的记载，详见表4-1。

表4-1　关于宋杂剧表演形式的文献记载

作者	文献名称	宋杂剧表演形式记载
吕本中	《童蒙诗训》	"作杂剧，打猛浑入，却打猛浑出也。"❷
王直方	《王直方诗话》	"山谷云：'作诗正如做杂剧，初时布置，临了须打诨，方是出厂。'盖是读秦少章诗，恶其终篇无所归也。"❸
吴自牧	《梦粱录》	"大抵全以故事，务在滑稽唱念。"❹
孟元老	《东京梦华录》	"内殿杂戏，为有使人预宴，不敢深作谐谑。"❺
陈长方	《步里客谈》	"退之传毛颖以文滑稽耳，正如伶人作戏，初出一诨语，满场皆笑，此语盖再出耶。"❻
灌圃耐得翁	《都城纪胜》	"大抵全以故事世务为滑稽，本是鉴戒，或隐为谏净也，故从便跣露，谓之无过虫。"❼
庄绰	《鸡肋编》	"自旦至暮，唯杂戏一色……每诨一笑，须筵中哄堂众庶皆嚎者，始以青红小旗各插于垫上为记。"❽
杨万里	《诚斋诗话》	"东坡尝宴客，俳优者作伎万方，终不笑。一优突出，用棒痛打作伎者曰：'内翰不笑，汝犹称良优乎？'对曰：'非不笑也，不笑所以深笑之也。'坡遂大爱。盖优人用东坡《王者不治夷狄论》云：'非不治也，不治乃所以深治之也。'见子由五世孙奉新县尉懋说。"❾
陈善	《扪虱新话》	"山谷尝言……作杂剧，初如布置，临了须打诨，方是出场。予谓杂剧出场，谁不打诨，只难得切题可笑也。"❿
吴自牧	《梦粱录》	"又有杂扮，或曰'杂班'，又名'经元子'、又谓之'拔和'，即杂剧之后散段也。顷在汴京时，村落野夫，罕得入城，遂撰此端。多是假装为山东、河北村叟，以资笑端。"⓫

❶ 王国维. 宋元戏曲史［M］. 北京：研究出版社，2017：29.
❷ 郭绍虞. 宋诗话辑佚［M］. 北京：中华书局，1987：590.
❸ 郭绍虞. 宋诗话辑佚［M］. 北京：中华书局，1987：14.
❹ 吴自牧. 梦粱录［M］. 北京：中国商业出版社，1982：177.
❺ 孟元老. 东京梦华录［M］. 王永宽，注译. 郑州：中州古籍出版社，2010：164.
❻ 朱易安，傅璇琮，周常林. 全宋笔记第4编（4）［M］. 郑州：大象出版社，2008：11.
❼ 灌圃耐得翁. 都城纪胜［M］. 北京：中国商业出版社，1982：9.
❽ 上海古籍出版社. 宋元笔记小说大观［M］. 上海：上海古籍出版社，2007：3991.
❾ 丁福保. 历代诗话续编［M］. 北京：中华书局，1983：150.
❿ 陈善. 扪虱新话［M］. 上海：上海书店，1990：83.
⓫ 吴自牧. 梦粱录［M］. 北京：中国商业出版社，1982：177.

续表

作者	文献名称	宋杂剧表演形式记载
俞文豹	《清夜录》	"万民翘望彩都门，龙灯凤烛相照，只听得教坊杂剧欢笑。"❶
苏轼	《坤成节集英殿宴教坊词》	"鸾旗日转，雉扇云开。暂回缀兆之文，少进俳谐之技。来陈善戏，以佐欢声。上悦天颜，杂剧来欤！""风清羽盖，日转槐庭。欲资载笑之欢，必有应谐之妙。暂回舞缀，少进诙辞。上悦天颜，杂剧来欤！"❷
张邦基	《墨庄漫录》	"优词乐语，前辈以为文章余事，然鲜能得体……凡乐语不必典雅，惟语时近俳乃妙……乐语中有俳谐之言一两联，则伶人于进趋诵咏之间，尤觉可观而警觉。"❸
梁绍壬	《两般秋雨庵随笔》	"宋时大内中，许优伶以国事入科诨，作为戏笑。盖兼以广察舆情也。"❹
陈旸	《乐书》	"皆巧为言笑，令人主和悦。"❺

根据表4-1中的相关文献记载，宋杂剧的表演形式以滑稽调笑为主，这些文献材料都强调了杂剧表演对喜剧效果的突出追求。在宋杂剧表演中，营造喜剧效果的一个重要手段就是副净色、副末色对首服进行夸张性美化或丑化，经常使用的方式是对巾、幞头进行加工修饰，使其成为独特的诨裹，目的在于增加人物造型的诙谐特征，达到滑稽逗乐的艺术效果，引人发笑，增强宋杂剧表演时的张力，"滑稽已成为当时社会衡量杂剧艺术的审美标准"❻。

戏剧作为中国艺术中"俗文化"的代表之一，自它正式诞生以后，便以悲欢离合的世俗生活为表现对象，尤其热衷于表现男女情长和家长里短，充满世俗气息的插科打诨成为戏剧表演中不可缺少的成分，对后世戏剧艺术表演中的"诨"产生了重要的影响。明胡应麟《少室山房笔丛》记载："俳优杂剧，不过以哄堂一笑，优人有太多之谑。"❼ "唐制自歌人之外，特重舞队。歌舞之外，又有精乐器者，若琵琶、羯鼓之属。此外，俳优杂剧不过以供一笑，其用盖与傀儡不甚相违，非雅士所留意也。宋世亦然。"❽清李渔在《闲情偶

❶ 朱易安，傅璇琮，周常林. 全宋笔记第7编（5）［M］. 郑州：大象出版社，2008：209.
❷ 苏轼. 东坡全集［M］. 珠海：珠海出版社，1996：1062.
❸ 张邦基. 墨庄漫录［M］. 丁如明，校点. 上海：上海古籍出版社，2012：125-126.
❹ 梁绍壬. 两般秋雨庵随笔［M］. 范春三，编译. 乌鲁木齐：新疆人民出版社，1995：711.
❺ 陈旸.《乐书》点校（下）［M］. 张国强，点校. 郑州：中州古籍出版社，2019：973.
❻ 薛瑞兆. 宋金戏剧史稿［M］. 北京：生活·读书·新知三联书店，2005：158.
❼ 胡应麟. 少室山房笔丛［M］. 北京：中华书局，1959：271.
❽ 胡应麟. 少室山房笔丛［M］. 北京：中华书局，1959：556.

寄·词曲部》中对"诨"有更加详细的见解，"文字佳，情节佳，而科诨不佳，非特俗人怕看，及雅人韵士，亦有瞌睡之时。作传奇者，全要善驱睡魔，睡魔一至，则后乎此者虽有《钧天》之乐，《霓裳羽衣》之舞，皆付之不见不闻，如对泥人作揖，土佛谈经矣……若是，则科诨非科诨，乃看戏之人参汤也。养精益神，使人不倦，全在于此，可作小道观乎" ❶，他又提出，"'科诨'二字，不只为花面而设，通场脚色皆不可少" ❷。

综上所述，在中国传统表演艺术中占据主要地位的宋杂剧，尤其注重滑稽调笑，离不开"诨"，首服"诨裹"就变得至关重要。"诨"作用于听觉，"诨裹"则给观众的视觉带来享受。宋杂剧无"诨裹"就犹如文章没有高潮，绘画没有细节，音乐没有旋律，也会失去"诨"的味道。

四、"诨裹"的符号性

宋杂剧的本质是角色扮演，诨裹的本质是装扮，二者联系紧密。在宋杂剧的表演中，诨裹是副末色和副净色两个滑稽脚色特有的装扮形式，虽然在有些图像中，二人身穿与其他脚色相同的服饰，但是只要在宋杂剧表演中出现头戴诨裹的脚色，他们就很容易被观众识别出来。显而易见，首服诨裹在宋杂剧的表演中已经成了"滑稽脚色"的符号。

在符号学领域，罗兰·巴特同意并发展了索绪尔创立的符号学科的观点，"表示成分（能指）方面组成了表达方面，而被表示方面（所指）则组成了内容方面" ❸，诨裹的符号性也同样包含"能指"与"所指"两个层面。在服饰与符号性层面，罗兰·巴特表示，"衣着是规则和符号的系统化状态，它是处于纯粹状态中的语言" ❹，德国哲学家卡西尔表示，"语言、神话、艺术和宗教则是这个符号宇宙的各部分，它们是织成符号之网的不同丝线，是人类经验的交织之网。人类在思想和经验之中取得的一切进步都使符号之网更加精巧和巩固" ❺。前者说的是服饰所蕴含的符号性，后者则指出人类文化学（包括戏剧）同样具有符号性，所以服饰与戏剧二者之间关系密切。具体而言，首服诨裹的形制与穿戴方式等综合因素构成了其"能指"，而这些综合因素通过滑稽艺人的穿着行为所表示出的宋杂剧的角色及审美、情节等承载的独特意义，便构成了其"所指"。作为一种特殊的

---

❶ 李渔. 闲情偶寄[M]. 昆明：云南大学出版社，2003：49-50.
❷ 李渔. 闲情偶寄[M]. 昆明：云南大学出版社，2003：52.
❸ 罗兰·巴特. 符号学原理[M]. 王东亮，译. 沈阳：辽宁人民出版社，1987：35.
❹ 罗兰·巴特. 符号学原理[M]. 王东亮，译. 沈阳：辽宁人民出版社，1987：21-22.
❺ 恩斯特·卡西尔. 人论[M]. 甘阳，译. 上海：上海译文出版社，1985：33.

首服符号，在"士农工商诸行百户衣巾装著，皆有等差"❶的宋代，首服诨裹这种"奇巾"在宋人的日常生活着装中产生了重要的影响，正如宋吴自牧在《梦粱录》卷十八中所说，"有一等晚年后生，不体旧规，裹奇巾异服，三五为群，斗美夸丽……"❷。

综上所述，作为中国戏剧服饰中的一部分，诨裹承载了独特的历史内容，是宋杂剧表演形式、唐宋戏剧脚色转变以及宋人喜闻乐好的产物，具有滑稽逗乐的实用效果，且其形制已经不同于宋人日常生活中的首服，经过了艺术化处理。

第二节

"粉墨涂面"考辩

宋代是中国戏剧艺术发展史上的重要转型期，戏剧的脚色行当、服饰、化妆（化妆文化是服饰文化的一部分）等，可谓之金、元戏剧艺术之滥觞。宋代戏剧化妆中的"粉墨涂面"源于宋代女子以脂粉涂面的日常生活习俗，又被称为"抹跄"或"搽灰抹土"。由于受到宋代戏剧的表演形式、角色行当等影响，又与女子日常生活中化妆的习俗大相径庭，成为宋代戏剧表演中副净色有别于其他角色特有的化妆样式，这正体现了艺术源于生活又高于生活的特征。如今，墓葬中出土的宋代戏剧文物可以让我们对戏剧艺人的化妆样式进行具体的了解，不必局限于与宋代以前的艺人化妆相关的几条零星的文献记载。宋代戏剧化妆艺术在中国戏剧化妆史上具有重要地位，并对金、元戏剧艺人化妆样式产生了重要的影响。历经了千余年的演变，今天，京剧舞台上的丑角在眼、鼻之间涂以白色或将眼圈涂以白色的程式化化妆样式，实则在宋代戏剧副净色的化妆"粉墨涂面"中已初露端倪。

一、"粉墨涂面"的来源

自古以来，爱美之心，人皆有之，正所谓"女为悦己者容"❸。揆诸中国古代女子化

❶ 吴自牧. 梦粱录［M］. 北京：中国商业出版社，1982：149.
❷ 吴自牧. 梦粱录［M］. 北京：中国商业出版社，1982：149.
❸ 萧统. 文选［M］. 海荣，秦克，标校. 上海：上海古籍出版社，1998：333.

妆的演进历程，不难发现，傅粉施朱是女子化妆时必不可少的环节。中国古代女子的面部化妆样式繁多，历朝历代均有流行的"时妆"，如画眉，魏文帝时，宫女好画长眉，今作"蛾眉"❶，唐明皇令画工画《十眉图》❷……花样新奇，竞相追逐。在面部化妆的样式上还有"北苑妆"❸"五星云妆"❹……唐代，女子化妆成为竞相追逐的时尚，从大量的唐诗中均可以窥探女子化妆的风貌，如唐李贺《汉唐姬饮酒歌》记载，"蛾眉自觉长，颈粉谁怜白"❺，唐崔护《题都城南庄》记载，"去年今日此门中，人面桃花相映红"❻，唐白居易在其诗中提到的"时世妆"❼在唐代女子中更是风靡一时。宋程大昌在《演繁露》中写道："古者妇人妆饰，欲红则涂朱，欲白则傅粉。故曰：'施朱太赤，施粉太白。'"❽可见，有宋一代，女子脂粉涂面是在唐代女子化妆的基础上进一步推陈出新而来，"一反唐代浓艳鲜丽之红妆，而代之以浅淡、素雅的薄妆"❾，宋代女子以"薄施胭脂轻傅粉"为新的时尚，这种薄妆又称淡妆，脸上仅施淡淡的脂粉，突显出脸部的雅致。例如，宋葛立方《风流子》词曰："月里暗香，水边疏影，淡妆宜瘦，玉骨禁寒。"❿宋王铚《题李亮功家周昉画美人琴阮图》诗曰："鬓重发根急，妆薄无意添。"⓫此外，元郑光祖在元曲《蟾宫曲·梦中作》中描写女子妆容像梨花一样清淡，"缥缈见梨花淡妆，依稀闻兰麝余香"⓬，可见淡妆对元代女子妆容的影响之深。除此之外，宋代还流行飞霞妆、慵来妆、泪妆、檀晕妆等妆容，都是日常生活中的女子化妆样式。从宋苏汉臣《妆靓仕女图》（图4-14）和宋佚名《盥手观花图》（图4-15）等传世绘画中，也可以看到宋代女子的妆容流露出的淡雅朴素

❶ 马缟. 中华古今注［M］. 北京：中华书局，1985：17.

❷ 《谭苑醍醐》卷七记载："唐明皇令画工画十眉图。一曰鸳鸯眉，又名八字眉；二曰小山眉，又名远山眉；三曰五岳眉；四曰三峯眉；五曰垂珠眉；六曰月棱眉，又名却月眉；七曰分梢眉；八曰涵烟眉；九曰拂云眉，又名横烟眉；十曰倒晕眉。"杨慎. 谭苑醍醐［M］. 新1版. 北京：中华书局，1985：65.

❸ 陶穀《清异录》卷下"北苑妆"："江南晚季，建阳进茶油花子，大小形制各别，极可爱。宫嫔缕金于面，皆以淡妆，以此花饼施于额上，时号'北苑妆'。"上海古籍出版社. 宋元笔记小说大观［M］. 上海：上海古籍出版社，2007：91.

❹ 《格致镜原》卷五十五《梁溪漫志》曰："老泉赞吴道子画'五星云妆'，非今人唇傅黑膏子，尝疑霄汉星辰之尊而妆饰。"陈龙云. 格致镜原［M］. 江苏广陵古籍刻印社，1989：626.

❺ 彭定求. 全唐诗［M］. 上海：上海古籍出版社，1986：984.

❻ 彭定求. 全唐诗［M］. 上海：上海古籍出版社，1986：919.

❼ 白居易《时世妆》曰："乌膏注唇唇似泥，双眉画作八字低。妍媸黑白失本态，妆成近似含悲啼。"高文，孙方，佟培基. 全唐诗简编［M］. 上海：上海古籍出版社，1993：1124.

❽ 朱易安，傅璇琮，周常林. 全宋笔记［M］. 郑州：大象出版社，2008：10.

❾ 李芽. 脂粉春秋：中国历代妆饰［M］. 北京：中国纺织出版社，2015：130.

❿ 唐圭璋，王仲闻，孔凡礼. 全宋词［M］. 北京：中华书局，1999：1741.

⓫ 厉鹗. 宋诗纪事［M］. 上海：上海古籍出版社，1983：1103.

⓬ 郑光祖. 郑光祖集［M］. 冯俊杰，校注. 太原：山西人民出版社，1992：490.

图4-14 《妆靓仕女图》局部

图4-15 《盥手观花图》局部

之美，与其所着雅致的服饰相得益彰。例如，宋秦观《南歌子·香墨弯弯画》词云："香墨弯弯画，燕脂淡淡匀。揉蓝衫子杏黄裙，独倚玉阑无语点檀唇。"❶宋毛滂《玉楼春》诗曰："近来因甚要浓妆，不管满城桃杏妒。酒晕脸霞春暗度。"❷宋陆游《和谭德称送牡丹》诗曰："洛阳春色擅中州，檀晕鞓红总胜流。"❸从上述宋代的诗词与传世绘画中，可以进一步了解宋代女子日常生活中脂粉涂面的化妆样式。

宋代市民阶层是勾栏瓦舍中戏剧表演演艺人的主要观众，其阶层的不断壮大与艺人的生存状况息息相关，因此，市井中的女子脂粉涂面的化妆样式自然影响到宋代戏剧艺人在表演时的使用。作为不断成熟的中国戏剧艺术，吸收借鉴有利于自身表演发展的积极因素，对宋代戏剧艺人来说至关重要。宋代女子日常生活中脂粉涂面的化妆样式经过被戏剧艺人采纳并二次加工创作后，转换成一种适合在戏剧表演时使用的独特化妆样式。历史证明，宋代戏剧艺人这种吸收、创新的方式对于中国戏剧的不断发展至关重要。

宋代，"涂抹粉墨作优戏"成为戏剧演出中固定角色——副净色特有的化妆样式。副净色所使用的化妆材料不是市井中的女子化妆时常用的脂粉，而是"蛤粉"。廖奔先生认为，"'蛤粉'为蛤蜊壳磨研的白粉"❹。《水浒全传》第八十二回中记载"贴净"（角色名，与副净色类似），"队额角涂一道明戗，劈面门抹两色蛤粉"❺。在宋西湖老人《西湖老人繁胜录》中，当时杭州既有卖腰带匣、画眉篦、头巾盝等与服饰相关的日常生活

---

❶ 唐圭璋，周汝昌.唐宋词鉴赏辞典：唐·五代·北宋［M］.上海：上海辞书出版社，1988：863.

❷ 毛滂.毛滂集［M］.周少雄，点校.杭州：浙江古籍出版社，1999：131.

❸ 陆游.陆游集［M］.北京：中华书局，1976：92-93.

❹ 廖奔.宋元戏曲文物与民俗［M］.北京：中国戏剧出版社，2016：274.

❺ 施耐庵，罗贯中.水浒全传［M］.上海：上海古籍出版社，1976：1010.

用品的铺席，同时又有卖蛤粉桶的铺席❶，可见蛤粉在宋代戏剧艺人的化妆方面，占据着重要地位。

宋代出土的戏剧文物大多数是无彩绘的，也有涂有彩绘的，但是经过千余年的侵蚀已脱落了。其实在宋代的文献记载中，戏剧艺人在演出时，面部的化妆是有颜色规定的，如《宋史》卷四百七十二中记载，"（蔡）攸历开府仪同三司、镇海军节度使、少保，进见无时，益用事，与王黼得预宫中秘戏，或侍曲宴，则短衫窄袴，涂抹青红，杂倡优侏儒"❷，其中的化妆颜色类型为"青"与"红"；宋徐梦莘《三朝北盟会编》卷三十一中记载，"黼又同蔡攸每罢朝出省，时时乘宫中小舆召入禁中为谈笑，或涂粉墨作优戏"❸，其中的颜色类型为"粉"与"墨"；在宋孟元老《东京梦华录》卷七"驾登宝津楼诸军呈百戏"条中也有记载，"有一击小铜锣，引百馀人，或巾裹，或双髻，各着杂色半臂，围肚看带，以黄白粉涂其面，谓之'抹跄'"❹，其中的颜色类型为"黄"与"白"。此外，廖奔先生认为，"白色搽满脸，故称'搽'；黑色抹几道，故称'抹'"❺，其提到的颜色类型为"黑"与"白"。由于宋代戏剧艺人化妆"粉墨涂面"又被称为"搽灰抹土"或"抹跄"，"搽灰抹土"中的"灰""土"分别对应白色与黑色，所以在宋代戏剧艺人化妆样式中即出现了"青""红""黄""白""黑"等颜色。这在宋程大昌《演繁露》卷七"正色间色"条中也有记载，"《环济要略》曰：'正色五谓青、赤、黄、白、黑也，间色五谓绀、红、缥、紫、流黄也。'孟子曰：'恶紫，恐其乱朱。'盖以正色为尚，间色为卑也"❻。由此可见，在宋代的戏剧表演中，艺人面部的化妆颜色有青、红、黄、白、黑等几种类型，可以随意在正色与间色之间搭配，这可能就是戏剧表演艺术高于现实生活的魅力所在吧！

综上所述，宋代戏剧艺人"粉墨涂面"的化妆样式与女子日常生活中脂粉涂面的化妆样式不同。"粉墨涂面"是为了宋代戏剧滑稽调笑演出的需要，把艺人面部进行夸张、丑化处理，以达到逗乐取笑的目的，呈现出世俗化的滑稽、诙谐的效果，并配合插科打诨的表演来博取观众的笑声，与宋代戏剧艺人在表演时使用独特形制的首服诨裹有异曲同工之处。

❶ 西湖老人. 西湖老人繁胜录［M］. 北京：中国商业出版社，1982：18-19.
❷ 脱脱. 宋史［M］. 北京：中华书局，2000：10626.
❸ 徐梦莘. 三朝北盟会编［M］. 2版. 上海：上海古籍出版社，2008：233.
❹ 孟元老. 东京梦华录［M］. 王永宽，注译. 郑州：中州古籍出版社，2010：133.
❺ 廖奔. 宋元戏曲文物与民俗［M］. 北京：文化艺术出版社，1989：302.
❻ 程大昌. 演繁露［M］. 济南：山东人民出版社，2018：123.

二、"粉墨涂面"的样式

宋代以前，在表演时关于使用化妆的记载仅有几条，如《三国志》卷二十一中记载，曹植"傅粉，遂科头拍袒，胡舞五椎锻，跳丸击剑，诵俳优小说数千言讫，谓淳曰：'邯郸生何如邪'"❶；在《北齐书》卷四中记载，"文宣帝以功业自矜……歌讴不息，从旦通宵，以夜继昼……涂傅粉黛，散发胡服，杂衣锦彩"❷；《太平广记》卷四百九十六引温庭筠《乾馔子》中记载的唐代参军戏中参军面部化妆的话语，"（陆象先）及为冯翊太守，参军等多名族子弟，以象先性仁厚……又一参军曰：'尔所为全易。吾能于使君厅前，墨涂其面，着碧衫子，作神舞一曲，慢趋而出'"❸；《旧五代史》中则记载，"庄宗自为俳优，名曰李天下，杂于涂粉优杂之中"❹。从这几条文献记载中可以看出，面部化妆的规定在宋代以前的戏剧表演中已经出现，但由于宋代以前出土的有关艺人化妆的文物资料有限，至于面部化妆的具体样式如何，还不得而知。据《南京牛首山南唐二陵发掘记》出土简报记载，"伶人。这种人头戴前低后高的帻，面上涂朱，大目长髯，长衣束带，长靴，两手置胸前，做持东西的样子，手上亦涂朱，两足作端立或跳跃的姿势（图4-16）"❺。南唐烈祖李昪死于公元943年，南唐中主李璟死于公元961年，这应该是目前距离宋代时间最近的有关艺人面部化妆的出土文物，但仅仅是面部涂朱而已，并无特别之处。随着宋代戏剧文物的大量出现，戏剧艺人独特的面部化妆样式逐渐揭开了神秘的面纱，变得越来越清晰。

宋代戏剧的化妆样式在继承唐代、五代化妆样式的基础上又有所创新。文献和文物是了解宋代戏剧化妆"粉墨涂面"的两个重要途径。在宋代的文献记载中对戏剧艺人"粉墨涂面"有多次提及，如在宋

图4-16 南京牛首山南唐二陵伶人俑局部

---

❶ 陈寿. 三国志[M]. 裴松之，注. 北京：中华书局，2000：449.

❷ 李百药. 北齐书[M]. 北京：中华书局，2000：45.

❸ 李昉. 太平广记[M]. 北京：中华书局，1961：4067.

❹ 薛居正. 旧五代史[M]. 北京：中华书局，2000：467.

❺ 会昭燏，张彬. 南京牛首山南唐二陵发掘记[J]. 科学通报，1951（5）：496-505.

孟元老《东京梦华录》"驾登宝津楼诸军呈百戏"条中记载，"继有二三瘦瘠，以粉涂身，金晴白面，如髑髅状"❶。在南戏《张协状元》第一出中末白："［水调歌头］……苦会插科使砌，和吝搽灰抹土，歌笑满堂中。"❷南戏《宦门子弟错立身》第五出："情缘为路歧，管甚么抹土擦灰。"又第十二出："趋跄嘴脸天生会，便宜抹土擦灰。"❸在南戏《耿文远》中，耿文远唱道："［喜还京］鼓锣鼓锣声催，施呈百戏，抹土搽灰做硬鬼。"❹虽然两宋戏剧在题材内容、角色行当、演出结构等方面均存在差异，但是这种"粉墨涂面"的化妆样式却都被固定的角色（副净色）所使用，带有明显的夸张色彩，进一步增添了戏剧演出中的滑稽调笑气氛，充分展现了宋代戏剧表演中的喜剧色彩。这种类似于喜剧的表演"很重视演员外部形态的滑稽性，更注意喜剧脚色脸部的化妆和服装穿戴、表情动作""粉墨改变了脚色五官的正常部位，把面部勾画成滑稽的样子，重在诙谐，主要用于'净''丑'等谐谑脚色……这种妆扮，滑稽可笑，自然取得强烈的喜剧效果"❺。在《三朝北盟会编》中还记载了这样一件趣事，"宋代大将邵虎，为了打仗需要，让部下'用墨抹抢与眼下，如伶人杂剧之戏者'"❻。可见宋代戏剧艺人的这种化妆样式在宋人的日常生活中已经被普遍认同，所以在打仗的时候部下化装成戏剧艺人的模样，才能不被对方识破，达到掩人耳目的目的。

胡忌先生认为，"涂面和角色的关系，换言之，也可说是涂面和净的关系"❼。从已出土的宋代戏剧文物来看，戏剧角色中的副净色大多会使用"粉墨涂面"的妆扮，如河南省荥阳市朱三翁石棺杂剧线刻图中最右侧演员疑似男扮女装，披发，上着交领衣，下系百褶裙，眼睛上斜贯两条八字形墨迹，手掌向外，似两手正在击掌，应是一诨角（图4-17）；河南温县博物馆藏单人砖雕中的人物眼睛四周用墨迹圈出（图4-18）；四方宋代铭文杂剧砖雕中的凹敛儿形象在眼窝部位涂有白色（图4-19）；南宋苏汉臣《五瑞图》中的副净色在鼻梁上画一块白粉，白粉周围勾勒一圈黑色（图4-20）；南宋朱玉《灯戏图》中的幞头簪花男子从额头到右脸颊斜画一道墨色，贯穿右眼（图4-21），除此角色之外，《灯戏图》中还有多个角色均有夸张的化妆样式，着实丰富（图4-22）。

根据上述研究可以进一步得出结论，宋代虽然出现了大量女子进入戏剧演出行列的

❶ 孟元老. 东京梦华录［M］. 王永宽，注译. 郑州：中州古籍出版社，2010：133.

❷ 九山书会. 张协状元校释［M］. 胡雪冈，校释. 上海：上海社会科学院出版社，2006：1.

❸ 钱南扬. 永乐大典戏文三种校注［M］. 北京：中华书局，1979：1，244.

❹ 钱南扬. 宋元戏文辑佚［M］. 北京：中华书局，2009：142.

❺ 黄竹三. 戏曲文物研究散论［M］. 北京：文化艺术出版社，1998：79.

❻ 徐梦莘. 三朝北盟会编［M］. 2版. 上海，上海古籍出版社，2008：984.

❼ 胡忌. 宋金杂剧考［M］. 北京：中华书局，2008：228.

图4-17 河南荥阳朱三翁石棺杂剧线刻图
局部

图4-18 河南温县博物馆藏单人砖
雕局部

图4-19 四方宋代铭文砖雕中的凹敛儿
局部

图4-20 《五瑞图》局部

现象，并且这种现象成为当时的一种社会时尚风气❶，但是在目前出土的宋代戏剧文物中，均是男子使用"粉墨涂面"的化妆样式，正如宋代词人张炎在《满江红》词中提供了当时宋代戏剧演出中男艺人"粉墨涂面"的描述，"傅粉何郎，比玉树、琼枝谩夸。看生子、东涂西抹，笑语浮华。蝴蝶一生花里活，似花还却似非花。最可人、娇艳正芳年，如破瓜。离别恨，生叹嗟。欢情事，起喧哗。听歌喉清润，片玉无瑕。洗尽人间笙笛耳，赏音

---

❶ 张彬. 宋代戏剧服饰与时尚——以"四方宋代铭文杂剧砖雕"为例［J］. 艺术设计研究，2018
（4）：56-60，69-70.

图4-21　《灯戏图》局部（一）
（周华斌摹）

图4-22　《灯戏图》局部（二）（周华斌摹）

多向五侯家。好思量、都在步莲中，裙翠遮"❶。

三、"粉墨涂面"对金元戏剧化妆的影响

宋代戏剧化妆样式"粉墨涂面"对金、元戏剧中副净色的化妆样式产生了重要的影响，正如黄竹三先生所说，"后世的副净较为固定的化妆模式，表明化妆已形成一定的程式，'脸谱化'的化妆业已出现……这种化妆式样肇始于宋，流行于金，至元代出现分化"❷。元代以后，戏剧化妆朝向更加完备的方向发展。由此可见，宋代戏剧化妆对金、元及后世戏剧的化妆样式产生的影响不容小觑。

金、元戏剧化妆样式在总体上仍然保持着与宋代戏剧化妆一致的风格，如南戏《宦门子弟错立身》第十二出〔调笑令〕描写副净形象为，"我这躯体，不查梨，格样，全学贾校尉。趋抢嘴脸天生会，偏宜抹土搽灰。打一声哨子响半日，一会道牙牙小来来胡为"❸。相关文献资料也可见于元代散曲中，如元杜仁杰散曲〔般涉调·耍孩儿〕《庄家不识勾栏》〔四煞〕描述副净色"裹着枚皂头巾，顶门上插一管笔，满脸石灰更着些黑道抹儿"❹。

---

❶　张炎. 山中白云词［M］. 吴则虞，校辑. 北京：中华书局，1983：90.
❷　黄竹三，延保全. 中国戏曲文物通论［M］. 太原：山西教育出版社，2017：348.
❸　钱南扬. 永乐大典戏文三种校注［M］. 北京：中华书局，1979：244.
❹　肖妍，暴希明，黄梅. 元曲精华评析［M］. 北京：解放军出版社，2007：12.

在《好酒赵元遇上皇》第一折［寄生草］中正末唱道："搽灰抹土学搬唱，剃头削发为和尚。"❶这与元马致远《南吕·一枝花》中的记载相一致，"内藏院本三千段，抹土搽炭数百般，愿求在坐一席欢"❷。在元高安道散曲［般涉调·哨遍］《嗓淡行院》中也提到了这种化妆样式❸，可见"粉墨涂面"也是金、元戏剧化妆中常用的手法。笔者将目前墓葬中出土的与金、元戏剧化妆"粉墨涂面"相关的文物和出土简报进行了整理（表4-2），进一步证明了金、元戏剧化妆继承并发展了宋代戏剧化妆"粉墨涂面"的样式。

表4-2　与金、元戏剧艺人"粉墨涂面"化妆相关的文物和出土简报记载

时间	文物	出土简报记载
金代	山西侯马董玘坚墓戏俑	"最左侧是净脚，穿长衣，胸臂上满刺花纹，头戴黑帽，脸上画着蝴蝶脸谱；最右面是一个小丑，披虎纹黄色短跑，黑边子，左臂袒着，胸部刺有云纹，须发苍苍，戴红帽，白眼圈，眼上由上向下画一道黑。"❹
	山西平定西关墓杂剧壁画局部	"左起第一人头裹白巾，扎带前翘眉眼间竖画一条墨痕。身穿白色圆领窄袖长襦，露红色内衣领，腰系黄带，下穿长裤，脚着便鞋；第二人面相圆胖，光头上勒一条黑色额带，两侧翘起带花头上唇装饰两撇浓黑胡须；第三人侧身面相猥琐，眉眼间画竖黑线，嘴唇四周涂抹黑圈。"❺
	山西稷山马村段氏1号墓戏俑局部	"头戴抹额似的黑色帽圈，面部所敷底色为淡黄色，两道粗线条的黑墨自额部呈'八'字形贯两眉眼而下，绛色嘴唇，嘴周围涂黑色，上部呈'八'字须，也是所谓的'乌嘴'。下颚也涂以黑色，左太阳穴亦涂以墨点。"❻

❶ 徐沁君. 新校元刊杂剧三十种［M］. 北京：中华书局，1980：125.

❷ 马致远. 马致远集［M］. 萧善因，点校. 太原：山西古籍出版社，1993：233.

❸《全元散曲》下册记载："打散的队子排，待将回数收，搽灰抹土胡僝僽。"隋树森. 全元散曲［M］. 北京：中华书局，1995：1111.

❹ 畅文斋. 侯马金代董氏墓介绍［J］. 文物，1959（6）：50-55.

❺ 商彤流，袁盛慧. 山西平定宋、金壁画墓简报［J］. 文物，1996（5）：4-16，97-99，2.

❻ 黄竹三，延保全. 中国戏曲文物通论［M］. 太原：山西教育出版社，2017：343.

续表

时间	文物	出土简报记载
元代	 山西运城西里庄元墓壁画局部	"右起第二人，头顶梳勃绞鬏，额部扎红色带，从左额至左颊斜抹一道墨，蓄八字胡，身着白地黑方格纹长袍，腰束红色带，袒胸露腹，锁骨附近对称地刺两条龙纹，肚脐处刺一火焰状纹饰，小腿赤裸，足穿黄色鞋。"❶
	 山西芮成永乐宫潘德冲石棺杂剧线刻图局部	"左起第一人，头裹软巾，身穿长衫，两眼贯八字形墨道，口含右手的拇指和食指，正在吹哨，左手撩起衫襟。"❷
	 山西新绛吴岭庄元墓砖雕局部	"左起第二人戴黑色曲脚幞头，内衬红衫，穿金黄色外衣，下着紫裤，腰束带，穿皂靴。脸部左侧已残，右部勾画脸谱，形似蝴蝶。"❸

在宋与金、元戏剧的表演中，服饰、化妆、道具等都是围绕着角色扮演而展开的，"粉墨涂面"的化妆样式对艺人的人物角色塑造至关重要，这种继承与发展是中国戏剧化妆艺术不断成熟的助推器。"粉墨涂面"的出现，既使宋与金、元戏剧表演艺术更加丰富多彩，同时又对后世戏剧艺术的化妆样式产生了重要的影响，进一步促进中国戏剧化妆艺术不断走向成熟。

本节通过对宋代戏剧化妆"粉墨涂面"的研究，进一步阐明了宋代戏剧化妆与宋代女

❶ 杨富斗. 山西运城西里庄元代壁画墓[J]. 文物，1988（4）：76-78，90，97，100.
❷ 徐苹芳. 关于宋德方和潘德冲墓的几个问题[J]. 考古，1960（8）：42-45，54.
❸ 杨富斗. 山西新绛南范庄、吴岭庄金元墓发掘简报[J]. 文物，1983（1）：64-72，103.

子脂粉化妆之间的关系，即宋代戏剧化妆"粉墨涂面"源于宋代女子日常生活中的化妆。一方面，这是一个"再现客观现实"的过程，戏剧艺术源于生活，其化妆亦源于生活；而另一方面，戏剧艺术又高于生活，宋代戏剧化妆"粉墨涂面"通过对宋代女子日常化妆进行夸张化处理，以非常规的方式增加了整个演出画面中调笑逗乐的趣味。

"粉墨涂面"是宋代戏剧表演形式、角色行当不断发展的产物，具有滑稽逗乐的实用效果，并经过了艺术化处理，不同于宋人日常生活中的服饰（包括化妆）。正如理查德·桑内特所说，"如实地再现历史是不可能的，而且会危及戏剧艺术"❶，龚和德先生认为戏曲服饰与历史上的日常生活服饰的区别，其中的一点就是"戏剧服饰要适应演员和观众的需要"❷。

宋代戏剧艺人是以表演为主要职业和谋生方式的，其表演活动具有商品化倾向，他们之间又往往存在竞争。因此，宋代戏剧艺人不只是被动地选择宋人日常生活中的服饰，还具有主动性、创造性等特点。他们往往主动设计并创新出新的表演服饰，"粉墨涂面"便是很好的例证，因为他们希望自己能成为宋代"百艺"表演中的佼佼者，同时赢得更多观众的青睐。这一创新对于中国戏剧服饰发展来说至关重要，因为传统戏剧服饰是戏剧文化的重要组成部分，能否延续优秀文化，并使其在时代发展的过程中继续发挥作用，把握好继承与创新是非常重要的，没有继承，就没有基础，没有创新，就丧失了新生。如果能传承创新，紧跟时代发展，则传统文化必然能焕发出新的光彩。总的来说，宋杂剧化妆的创新及艺术化处理，值得当下高喊"去古存新"口号的戏剧工作者反思。

---

❶ 理查德·桑内特. 公共人的衰落［M］. 李继宏，译. 上海：上海译文出版社，2008：88.
❷ 龚和德. 谈戏曲穿戴规制［J］. 戏曲艺术，1983，4（2）：82-90.